U0947735

我的旅行
留影中

一定要有她

///

美味

台湾

[TAIWAN]

在地好美味

///

东森电视台
"台湾1001个故事"
栏目

中国民族摄影艺术出版社

这是我继《台湾 1001 个故事》之后的第二本书了。

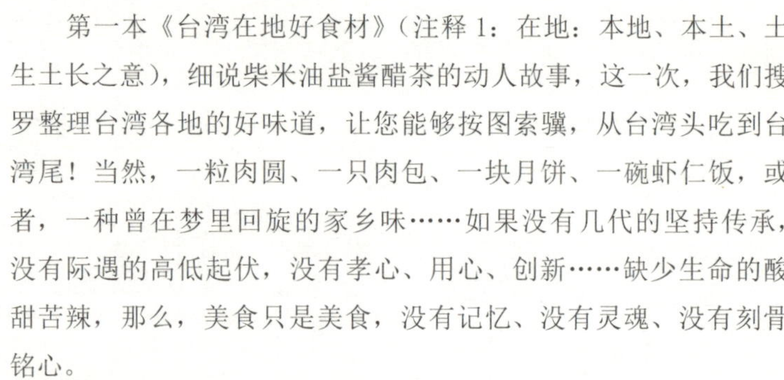

第一本《台湾在地好食材》(注释 1：在地：本地、本土、土生土长之意)，细说柴米油盐酱醋茶的动人故事，这一次，我们搜罗整理台湾各地的好味道，让您能够按图索骥，从台湾头吃到台湾尾！当然，一粒肉圆、一只肉包、一块月饼、一碗虾仁饭，或者，一种曾在梦里回旋的家乡味……如果没有几代的坚持传承，没有际遇的高低起伏，没有孝心、用心、创新……缺少生命的酸甜苦辣，那么，美食只是美食，没有记忆、没有灵魂、没有刻骨铭心。

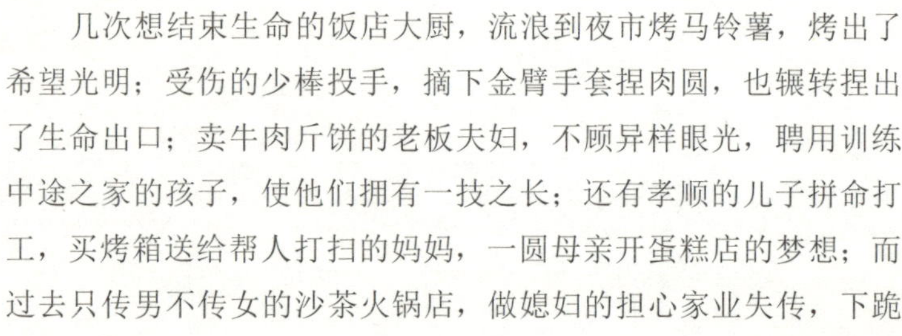

几次想结束生命的饭店大厨，流浪到夜市烤马铃薯，烤出了希望光明；受伤的少棒投手，摘下金臂手套捏肉圆，也辗转捏出了生命出口；卖牛肉斤饼的老板夫妇，不顾异样眼光，聘用训练中途之家的孩子，使他们拥有一技之长；还有孝顺的儿子拼命打工，买烤箱送给帮人打扫的妈妈，一圆母亲开蛋糕店的梦想；而过去只传男不传女的沙茶火锅店，做媳妇的担心家业失传，下跪

发誓守住祖传秘方……

一对夫妻、三个兄弟、四代同堂、一群朋友，共同拼守一份事业；府城老巷的炭烤三明治、宜兰田间的现烤牡蛎、鹿谷山区的大炮竹筒饭、台中港吹着海风的烧酒螺、为帮助旗山蕉农而特制的香蕉冰……从南到北，上山下海，每一口吃进肚的，都有故事。

《台湾在地好美味》，诚挚邀请您一起用味蕾，品尝台湾，品尝人生。

台湾 1001 个故事　制作人

白心仪

目录

街头小吃篇

网购点心篇

正餐主食篇

日日有三餐，
一顿美味又丰盛的餐点，
无论细嚼慢咽，或是狼吞虎咽，
皆能使人暂时忘却心中的不快。
用膳完毕，打个饱嗝，
心满意足，谢谢招待。

山猪亮烤山猪

阿里山美食，平地再创商机

到府烤肉，美味受欢迎

人行道传来炭烤肉香，整只全猪吸引过路人放慢速度瞧个仔细。从阿里山来的是人称山猪亮的陈坤亮和他的两位表哥，把好吃的原木全猪烧烤，变成到府服务的外烩BBQ，山猪亮的烤肉香飘全台湾，一只山猪加上特制香肠、竹筒饭等菜肴，两万块上下六十人吃绰绰有余，很多公司商行办活动或是老板私人宴会，都喜欢找他们。对吃很讲究的节目主持人陈文茜，有一次在派对上吃到这个味，从此上瘾。这种口味也征服了《苹果日报》创办人黎智英。

“八·八”风灾，封锁阿里山美味

不过因为一次“八·八”风灾，老饕们差点吃不到烤山猪。阿里山山美部落，山猪亮的家，台风过后一个多月还无法复原，原本在这边养的三十只配种山猪，台风后全部四散逃逸，完全不见踪迹。加上山坍路断、交通困难，陈坤亮家一度断炊，但他认为还好，至少家和人都还在，能赚回来的就不是损失，自己的猪没了先跟别人买猪也是变通之计，就像迂回抢通的山路，山不转自己转。

传统口味，从传统中找商机

中秋正是烤肉生意旺季，山猪亮家不断响起询问电话，笔记本上也写满行程安排。出发前，和伙伴们忙着准备木材，限定只能是相思木和龙眼木。本族的长辈说：从没想过传统口味可以是受欢迎的一门生意，而阿亮也是在山下卖了好几年的小吃失败后，回山上的餐厅打工才发现老祖先留下的商机，于是弄了一台小发财车，勤跑各大夜市跑摊卖猪肉，渐渐打出山猪亮的名号。不只自己走出去，山猪亮还把亲戚族人一起带出去，现在一共五组人跟他一起从事这个行业，他希望将来可以让更多的族人一起参与，变成稳定的收入来源。

志工打气，支援排湾部落

“八·八”风灾后，屏东来义村排湾部落一样受创严重，山猪亮曾参与志工服务，也曾前往当地支持救灾。热情的排湾人特别用祭典杀猪仪式对他表达心中的感谢之意，排湾人和他们通过美食交流，交了心也交了感情。

美味导航

店名：山猪亮—全省到府烤猪服务团队

店址：嘉义县阿里山乡山美村猎人部落

电话：0938-056-857

营业时间：电洽

车埕木桶饭

木业后代转型，没落车埕风华再现

车埕木桶饭，古早怀旧的好滋味

南投水里的车埕小镇，曾经因木材聚集地的名号而繁荣一时，还被称作小台北，但是随着林木产业的没落，车埕的荣景也跟着走入历史。这几年木材厂的第三代返乡振兴家业，发挥创意把荒废的仓库改装成便当店，推出当年工人吃的木桶便当，用香味吸引外地游客，连带着车埕美景又再度呈现在世人眼前。

怀旧木桶便当，车埕木材厂特餐

当车埕要重新开发的时候，车埕小镇上的居民都苦恼着到底要用什么餐点来吸引顾客，他们想到使用木桶替代一般传统木盒，让客人可以把饭装进去，不仅携带方便也令人印象深刻。处理好的鸡腿充满了木头的香气，熏到熟透了之后再放进烤箱，就成为外皮褐色的烟熏鸡腿。

木业第三代之创意，停车场改装便当店

便当店的老板娘孙嘉璐是木材厂的第三代传人，她把工厂的废弃停车场改装成木桶便当店，也把荒废好久的老旧仓库经过重新装修，打造成小朋友最喜欢的DIY体验工厂。这一座幽静的山中村落、莲花池和木栈道织起一幅世外桃源的风景图画。

车埕风华一时，木业衰退荣景不再

但随着木材产业的没落，车埕似乎也走入历史回忆。因此孙家第二代五个兄弟齐心团结，想努力把那个年代的荣景找回来，并将重现车埕的繁华视为自己的责任。在美国念音乐硕士的孙嘉璐毕业后，刚好家乡很缺人手，她二话不说就决定回来帮忙。孙嘉璐说，当初接手家族事业实在没什么概念，也常需要到工地去看那些施工状况，就会碰到有些师傅会说“你是女生你不知道、你不懂”之类的话语，那我就会很啰唆地反过来说：“真的噢师傅，我都不知道，要不然你告诉我应该怎么样做才好？”并且一边沟通，一边学习。

后代携手打拼，没落车埕风华再现

凭着一股冲劲和傻劲，短短几年，曾经被外界遗忘的车埕小镇美丽苏醒，手工艺品上的五只猴子，其实是象征着孙爸爸他们五个兄弟。孙嘉璐笑着说：“主要是因为我们姓孙，这样大家会联想到孙猴子。”孙家人紧紧牵着双手，守着前人留下的产业，期许那个记忆中被称为小台北的车埕再现风华。

美味导航

店名：木茶房餐厅（木桶便当创始店）

店址：南投县水里乡车埕村民权巷5号（贮木池旁）

电话：049-277-2873

营业时间：10:00—18:00/假日10:00—18:30（除夕休息）

供餐时间：11:00—17:30/假日10:30—18:00

网址：www.CedarTeaHouse.com

有机香菇餐

独家有机菇，声名冠全台

凌晨蹲地采摘，和时间赛跑

南投山上暗暗的棚架屋里，每天一早就传来利落的剪刀声，老板陈威方和员工伙伴要赶在太阳热力四射前，把香菇剪下收进篮子里，陈威方边采边说：香菇要在最热的时候抢先剪完且立刻送冰箱保存，因为这样的香菇会比较耐久。存放香菇从菇苗冒出头，到成熟采收只需要一星期，除了菌包的营养供给，温度也是关键，温度越低，成为大朵香菇的概率就越高；反之温度越高，变成小朵香菇的概率就越高。陈威方说：“我们以前历史都说，北方人都长得比较高壮，其实除了饮食以外，最重要是因为北方温度低，成熟得慢、生长时间也够长，才可以长得比较高大。”

烘干损重量，但完全没霉味

采好的香菇立即进滚筒内比大小做分级，之后就要进烘炉连续烘三十六小时，将水分完全烘干，这就是为何陈威方的香菇完全没有霉味的关键。他说：“这样的方法其实不难，但很少有人愿意这样做，外面香菇最多烘干一天左右，因为烘越干的香菇就越轻，称重贩卖反而划不来。”

拒绝施药剂，初期惨赔

“九・二一”地震后，机械系毕业的陈威方协助叔叔做菇类养殖的设备输出，岛内外比较后，他毅然决然弃工从农。陈威方算好种植时间，让香菇可以在温度最低的季节采收，但香菇培养、采收和间隔期，一共长达八个月，比起一般菇农一年两收，在数量上少了许多，但他宁可多休息，也不愿意在质量上打折。他还采用达尔文养殖法，不喷药不消毒让物竞天择，留下健康的菌种，因此每年钱还没到手已经先赔五十万元，起初家人都劝陈威方放弃，但事情都已经做了一半，当然咬牙也要硬撑过去，这样的坚持使陈威方的香菇成为台湾唯一的有机香菇。

坚持，成就全台唯一的有机香菇

陈威方坚持了十二年，慢慢打开口碑市场，吸引了科技业大亨投资来协助其发展品牌，之后还开发了香菇饼干和DIY养殖包。年纪轻、观念新的陈威方打破香菇称斤论两拼价格降质量的宿命，让台湾香菇体现应有的价值，从全台独家出发，陈威方的香菇目标是世界第一，用心绝不孤单。

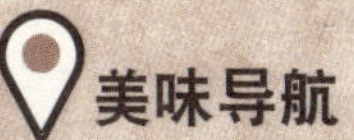

美味导航

店名：鹿窑菇事

店址：台中市潭子区安和路 65 号

电话：04-2534-3434

营业时间：08:30—12:30/13:30—17:30（每周六日休息）

网址：www.luyao.com.tw

台式酥烤鸭

型男大主厨，台客烤鸭香

烤鸭达人冠军，融合台湾口味

你爱吃烤鸭吗？台北有两个年轻人蔡维忠和杨庆荣，改良传统北京烤鸭的做法与吃法，研发出属于台湾口味的台式烤鸭。蔡维忠和杨庆荣所改良的烤鸭有多美味？他们可是拿过农委会主办的全台烤鸭达人比赛的冠军队伍。刚片完的鸭，大家抢着夹鸭肉蘸上甜面酱加上蒜，然后饼皮包上去一口咬下，满足的表情全写在脸上。让顾客吃得这么满意开心可不简单，从一开始挑选鸭子的种类就要很讲究，他们舍弃传统使用的桃园番鸭，而选用皮质丰厚、肉鲜嫩且体形较大的宜兰玉米鸭，番鸭耐久放且肉质比较结实，但是玉米鸭的皮质比较厚肉也嫩，吃起来的感觉和番鸭完全不同。

独家酱料腌制，处理耗时耗工

生鲜鸭子一进来，必须先清洗去油，接着将作料放入鸭子体

腔，送进只有1摄氏度低温的冷藏库冷藏来进行腌制，经过八小时后这些东西会融入鸭子的身体里面，再从宰杀鸭子时留下的喉头切口灌气到体内，并用热水快烫几十秒，放进液态热麦芽糖的锅子里，让表皮充分沾满麦芽糖，然后风干让麦芽糖香味经过毛细孔渗入鸭皮里，又经过八小时后才能放进锅炉，烧烤一个半小时，让鸭子可以“外烤内滚”，外面烧烤鸭子表皮，且经由内滚的方式使香料的味道完全融入鸭的肉身里面，最后油亮亮热腾腾的烤鸭才能出炉。

特色台式烤鸭，不输北京烤鸭

他们强调，他们的烤鸭绝非地道北京烤鸭，而是配合台湾口味的台式烤鸭。例如饼包片鸭，夹的鸭肉以及佐料都有些许不同，北京烤鸭是皮跟肉分开，完全分开吃法，且甜面酱味道会比较重和咸，饼皮里包的是小黄瓜；而台式的吃法是皮肉黏在一起，加上鸭饼一起食用的话反而增添了台式烤鸭的风味，且甜面酱有些偏甜，但口味没有那么重，饼皮中包的是蒜片跟红辣椒。

他们坚持质量，一天只生产二十只烤鸭，因此顾客一定要先预订，而且最好准时抵达，因为他们会估算烤鸭应该进炉的时间，让客人能精准地吃到刚出炉最美味的烤鸭，如此用心只为一个梦想：台湾也可以有属于自己的烤鸭，希望有朝一日打响自家名号，让所有华人甚至外国人都能知道台式烤鸭的魅力。

美味导航

店名：御鼎香脆皮烤鸭餐厅

店址：北市松山区南京东路四段66号1楼

电话：02-2579-0585/02-2579-0685

营业时间：平日 11:30—14:00/18:00—21:00

假日 11:30—14:00/17:30—21:00

网址：http://www.yudingxiang.com.tw

排骨汤老店

祖师庙老字号，纯粹真滋味

老店排骨熬成精，骨肉一拨就分离

台北万华祖师庙旁，有一家经营两代、历史超过六十五年的排骨汤老店，每天清晨就开始熬煮带骨带肉的排骨，每位客人点餐，都要来上一碗轻轻一剥就骨肉分离的排骨汤。负责盛汤的就是七十岁的大当家郑有进，他神情专注地从锅里挑出一大块带骨带肉的排骨，再添上熟透的白萝卜，以及熬到乳白色的汤头，就是一碗让客人回味无穷的老字号排骨汤。郑有进担心新客人不懂得怎么品尝汤里精华，于是在全场跑，教客人怎么正确地把排骨吃得干净又能吸收排骨里头的精华。客人夸赞他："比外交部长还要厉害。"郑有进的亲力亲为给顾客留下深刻印象，排骨汤的滋味更是赢得掌声。

万华祖师庙起家，帮父还债扛家计

这老味道是从万华祖师庙旁的小摊起家。当时郑有进还只是位年轻小伙子，就开始帮父亲卖起排骨汤和排骨油饭，因为父亲好赌欠下赌债，经常不见人影，逼得他不得不扛起养家重任。但也因家计使得他认真经营生意，在食材上斤斤计较。

萝卜鲜甜排骨嫩，自豪胜过鱼翅汤

排骨汤的萝卜属于高山萝卜，从菜刀切下萝卜的瞬间，听声音就能知道萝卜质量的好坏。排骨汤店每天就能用掉上百斤的白萝卜，而汤里头的灵魂"排骨"，每一个重达四两甚至到半斤，连骨带肉，专挑猪前胸、小排和颈部的。而排骨汤要想好吃差不多要熬煮七八个小时，烧到萝卜晶莹剔透、入口即化，排骨轻轻一剥骨肉就分离，汤会清澈见底而且带着一股甘甜，在熬煮过程中火候要不断变化，七八个小时后自然甘甜味才会慢慢释出。时间淬炼出猪肉、萝卜的鲜甜，胶质都融在汤里，不管

是老人家或是小孩都能轻松入口，熬汤熬成精的郑有进自豪地说，他的一碗排骨汤可以胜过昂贵的鱼翅，甚至连买钙片的钱都可以省掉。

食材讲究生意好，老店排骨续飘香

除了排骨汤，每天还有由郑有进的太太凤姐精选的各式菜肴，像是特别定制的牛蒡天妇罗，厚厚一片相当扎实，红烧肉也是必点菜肴，是经过三天腌制而成，炉台上的菜色几乎都是限量版的好味道。虽然因为电影下档，艋舺热退烧，眼看万华祖师庙再次繁华落尽，但家传排骨汤因为郑有进的用心继续飘香。

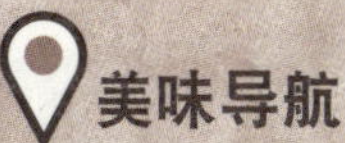

美味导航

店名：祖师庙原汁排骨大王

店址：台北市万华区贵阳街二段 120 号

电话：02-2331-1790

营业时间：10:00—21:00（例周四休息）

月庐梅子鸡

梅甘肉嫩，酸甜幸福味

老梅入菜添味，舌尖大跳探戈

花莲凤林半山腰的餐厅里，手扒鸡刚刚上桌，双手嘴巴立刻闻鸡起舞，这酸甜的味道像是初恋的感觉。老板娘美娟还在忙碌，为晚到的客人准备招牌菜炭烤梅子桶鸡，最重要的秘诀就是腌了两年以上的梅子，梅子可以软化肉质，再加入香茅、倒入蒜头酱油、塞入九层塔到土鸡里，这就是全部的材料，东西简单是为了保有食材原来的风味。镜头前姜美娟大方不藏私，她说看不见的配方花的是时间，急躁的现代人学也学不来。

自制料理老梅，绝无人工添加剂

姜美娟说："食物要好吃，就是要靠时间，很多东西只要掌控好时间跟火候，撒盐巴就好吃。"土鸡在量身定做的烤箱要待上九十分钟，才能成就外皮金黄酥脆内里鲜嫩多汁飘散梅香的烤鸡。而所有梅子通通都是由老板黄明光亲自腌制。进去存放梅子的仓库观看，一桶桶的梅子

静待入味。老板保证他的梅子天然绝无添加剂，他笑说："因为没有钱买添加剂，而且也不知道要加什么，所以只加了盐巴。"

昔日最大梅园，为生计起炉灶

八年前，黄老板说要回到花莲乡下去卖鸡，却遭丈母娘的强烈反对，还好梅子鸡很争气，让餐厅高朋满座。腌梅是他从小学到的拿手绝活，四十年前家种梅子外销，全盛时期是东部最大的梅子园，后来梅子卖不出去，黄明光的父亲只好砍掉亲手栽种的梅子树，配合造林计划改种樟树，三千棵梅子树剩下三棵，梅子园转型成为景观餐厅。做建筑的黄明光八年前回家打理一切，一方面是帮忙年迈的双亲，另一方面是因为受不了都市的汲汲营营，在那里连做梦的空间都很拥挤。

离城回乡打拼，追求踏实感觉

从原本简陋的工寮就地取材，打造禅意十足的舒适角落，花东纵谷映入眼帘的是无价的景观。如今梅子园餐厅成了外地人体验花莲慢食慢活生活哲学的热门景点，黄明光和姜美娟还是跟在台北一样忙碌，但至少不庸碌，用自己的方式延续一度被遗忘的梅子味道，找到生存的方法，黄明光会继续寻找生活里的酸甘甜，不遗忘故乡的美好。

美味导航

店名：月庐

店址：花莲县凤林镇凤鸣一路 71 号

电话：03-876-2206

营业时间：11:00—14:30/17:00—21:00

网址：https://moonhouse.cm-media.com.tw

平价三井宴

隐身市集内的五星级日式料理店

凌晨上工，只为新鲜好食材

阿吉师谢顺吉凌晨三点起床，买鱼是他的首要工作，做日本料理四十几年，食材得先过他这关才合格，采买后还得立刻处理，才能保持鱼的鲜度。处理到六点，阿吉师开着奔驰充当货车，还得赶到滨江市场，采买进口的生猛海鲜，采买告一段落，回到天母最知名的传统市场——标准的好料集散地，夹在卖鱼摊和水果摊中间的，就是阿吉师的日本料理摊位。

物尽其用，厨师展身手

才刚回来，助手已经准备好一锅滚水以迎接虾蟹下水汆烫，而阿吉师则忙着把生鱼片修边整理、去芜存菁，因为没有修干净的话血水会破坏鲜度。而淘汰后的食材一点儿也不浪费，碎肉、鱼骨熬味增汤，让客人喝免费的也显得诚意十足，鱼头、鱼尾巴做红烧弹性Q度刚刚好。他认为，一条鱼丢给师傅，师傅要好好珍惜它，能用的地方就不能浪费。

四十年料理功夫，美食家有口皆碑

处理好的生鱼片，在零下五摄氏度的冷藏柜，一字排开等客人上门，光鱼就多达十几种，连高级日本料理店都没这么丰盛。阿吉师从小不爱念书，十七岁跟阿嬷要了一百块钱，从台南离家北上学艺，做日本料理超过四十年，不只当大厨，还当过餐厅老板，三年前决定退休，原本只打算和太太在市场卖外带的生鱼片赚零用钱，没想到市场里的五星级沙西米传出口碑，以前的老客人纷纷拜托他重出江湖，逼得他不得不在只有两坪（注释：1 坪（台坪）=3. 3057 8512 3967 平方米）大的市场摊位前，效法日本立食餐厅，设置十个没有座位的用餐位子，还得请人才忙得过来。

市场排队立食，声名传国外

市场内得“罚站”的地道怀石料理，和台湾少见的立食奇观，名声随着味美价廉高贵不贵的口碑飘出市场，吸引着老饕们上门罚站。连美国回来的台侨和香港游客也赞不绝口，还有人同样从美国来朝圣，同时带着日本朋友来做鉴定。阿吉师即便退休也绝不马虎，随时询问客人的满意程度作为口味调整依据，这也是日本料理里头蕴藏的达人精神。两坪大小的市场角落，创造出了美味和笑容，阿吉师的四十年功夫，再度验证了只要认真，就是第一名。

美味导航

店名：阿吉师握寿司

店址：台北市士林区士东路 100 号 1 楼 88 摊

电话：02-2834-6136

营业时间：11:00—17:00（11:00 前限外带）

假日营业至 18:00，每周一休息，年节请先电洽

平价快炒夯

御厨名师经营的平民快炒店

物超所值快炒店，进货以量定价

每道料理都只要九十九块，白饭还免费享用，每天还会固定推出一盘十元料理，绝对物超所值，全店至少六十八种菜色，打造这九十九元平价热炒的就是这位水蛙师。水蛙师的八家分店全部直营，为了保证质量，所有食材全部在万华的果菜市场采买，从最基本的葱、姜、蒜到最便宜的小白菜再到海鲜挑选，水蛙师都有他的原则，一次采买就要以量定价，才能将每道料理压低到只要九十九块。

师傅脾气躁，严师出高徒

出生于云林的水蛙师，对念书真的不在行，加上家里穷，所以十六岁初中毕业后，就跟着四川师傅学做菜，两人沟通困难，只要一出错，炒菜的炒瓢就直接在头上敲，被修理自己会觉得很委屈，所以跑到厕所一定会哭一哭、眼睛揉一揉再出来。现在回忆起来云淡风轻，毕竟严师出高徒，水蛙师就这么一步一步，走进料理的世界。从川菜起家到台湾地道料理，水蛙师征服过许多政商名流难搞的胃，且获得御厨的封号，更成为李安导演的《饮食男女》中的美食顾问。台湾首次举办的“听奥活动”露天席开三百六十桌，得应付八十多个国家的选手，也是由他来掌舵。对他而言，重要的是要把正确的做菜方法，教导给大家，这也是当年老师傅所传授给他的。

平价路线求质感，厕所摆设不马虎

有别于一般热炒店，这里装潢摆设都经过用心设计。此外，水蛙师说：“还要有菜色研发能力，才有办法管理酱汁调味，而不是每一个人上去就炒一样的料理，结果炒出来的都不一样，要确保稳定度，口味才不会因厨师不同而产生变化。”贴心服务加上低价策略，店里两三百个座位经常大爆满，假日更是一位难求。只是三十三年来，水蛙师煮过无数料理，但他朝思暮想的始终就是这一味妈妈的味道，一场意外，母亲没能分享他的成功，这是水蛙师一辈子最遗憾的事。

料理界爷字辈，期许后辈文武双全

现在的他已经是料理界爷字辈人物，徒弟无数，他期许有心进入料理界的后辈，专心厨艺外还得要多念些书，让一道美食除了做得出来，还要能表达得出来，别让厨师只是关在厨房里的厨师。

美味导航

店名：尝尝九九

地址：新北市中和区连城路 224-10 号

电话：（02）8242-2199

营业时间：11:00—14:00/17:00—22:00

网址：www.enjoy99.com.tw

一甲子佛跳墙

山珍海味全入盅，好料大比拼

飘香六十年佛跳墙，各路好料来相拼

超级佛跳墙名不虚传，不只是制作的过程很繁复，食材更是多到了数不清。鲍鱼、笋片、芋头、栗子、红枣、花菇、鱼翅、菱角、鸟蛋、烧葱、猪肚、海参、猪脚、金菇还有蒜头酥。眼前这桌拥有六十年历史的佛跳墙，其实是源自北投地区，可以追溯到日据时代，日式料亭老板的阿公传到了草创这一家台菜餐厅的父亲手里，现在则是由身为家族长子的陈博璇来接手。

最看重卫生与效率，台菜掌厨如掌舵

走进陈老板的厨房，很像上了一艘训练有素的军舰，黑衣舰长发号施令在旁监督，大家各司其职。除了端出美味之外，厨房里还用颜色区分，掌控卫生与效率，例如蓝色砧板用来切生食，而白色则是切熟食，就连抹布用途也要分颜色。陈老板说："我们做餐饮最基本的要求就是卫生，其次就是效率。"所以很多的厨师到陈博璇的厨房很不习惯，还曾被嫌太"龟毛"。

最拼“命”佛跳墙，老板自嘲为疯子

陈老板坚持亲自下厨，他本身并非学餐饮出身，但在父亲的耳濡目染下开始喜欢做菜。每年年菜订购旺季，厨房就成了一群工作狂的大本营。陈老板笑说：“做餐饮业的都是疯子，像是客人在订购年菜的前一天，我都是二十四小时没睡觉。”陈博璇为了亲手完成这好几百盅的佛跳墙，日夜加班，后来过度劳累进了医院，医院立刻对他发出了血癌病危通知，医生说要做骨髓移植，但他问医生的第一句话居然是：“可不可以先让我出去把年菜要交代的事情交代完再进来。”让医生当场傻眼，直说他不要命了。还好骨髓移植顺利，陈博璇形容自己是傻人有傻福，也因此到现在大家还可以打趣地说：“这一盅可是老板用命拼出来的佛跳墙哦！”

接班当成拼事业，第三代擦亮金招牌

家传一甲子的正宗佛跳墙，把经营餐厅当成事业来拼，这是陈博璇对自己的期许，也是对父亲的一个承诺，他希望父亲交到自己手上的东西，起码在交棒给下一个人之前，必须是保持好的，不能够让它毁在自己的手上。有了这样的信念，把吃苦当作吃补，难怪这块金字招牌可以越擦越亮。

美味导航

店名：金蓬莱台菜餐厅

店址：台北市士林区天母东路 101 号

电话：02-2871-1517/02-2871-1580

营业时间：11:30—14:00/17:00—21:00

（周一公休 / 逢国定假日顺延）

大塭鱼蟹鲜

观光鱼场好玩又好吃，浴火重生创商机

鱼塭转型渔场，好料新鲜上桌

宜兰礁溪的大塭地区，昔日是荒烟漫草的鱼塭，因为经营不善，纷纷把地卖给财团盖房子，但有一位阿财老板，将鱼塭转型成观光渔场，红蟳和虱目鱼混养、引进海水养殖加上特色料理，使他的渔场每到假日就人潮爆满。

满锅的红露酒加进中药材滚到冒泡，燃点一到，瞬间成了火烧红露酒，一时间酒气冲天，这时红蟳下锅，蟳的鲜加上药材的甜、酒的香，这锅醉蟳赢得老饕大力赞赏。除此之外，红蟳下锅用葱姜蒜爆炒，再放入两种辣椒调味，起锅前淋上蛋汁，就是一道香辣够劲的辣椒蟹，除了下饭，还可以搭配面包，烤得热腾腾后蘸蟹酱吃。

初期惨赔三百万，惨遭扫地出门

阿财说："一开始也想要转型，结果被父亲骂得半死，说这个地方这么偏僻，怎么可能有人要来观光。"过去家族在这养殖鱼虾，他便独自引进虾苗却遇上虾瘟惨赔三百万，老爸气得把他赶出家门，他只好跑到纸箱工厂当起业务员，一路当上纸厂总经理。但当年每周休两日的政策开始实施，观光钱潮就在眼前，阿财心中不认输的精神又升起，几经家庭革命终于说服老爸，将传统鱼塭转型成观光渔场。

跌倒再爬起，引进海水鱼虾混养

一开始阿财投入千万但不懂生态，鱼虾蟹死光，后来接受农委会指导，并到日本观摩，将海水引进取代地下水，不仅建立起适合养殖的生态环境，成为校外教学场地，还透过红蟳和虱目鱼混养方式，让用药量降低，把环境和健康都照顾到了。现在阿财从早上四五点就要早起照料这些鱼群。

紧接着阿财盖起餐厅，阿财最小的妹妹还特别跑到瑞士进修餐饮管理。阿财将自家产品做成特色料理，像以盐巴、花椒、八角跟茶叶衬底，放上刚抓起来的新鲜红蟳，大火十分钟蒸煮后就是一道茶香十足的盐烤红蟳。

守家园不被财团吞，成为礁溪红宝石

很多人在把土地卖给财团后，就四处在渔寮赌博，阿财却发誓要让人刮目相看，其实也是对病逝的大妹的一个交代，当年他对着大妹说："只要你愿意住院治疗就带你回家。"没想到这竟然成了两人最后的对话。回乡打造鱼塭将它变成陆地上最美丽的红宝石，其中点点滴滴是阿财对家族的使命感，还有对大妹的思念。

美味导航

店名：大塭观光休闲养殖区

店址：宜兰县礁溪乡玉龙路二段 497 号

电话：03-9870558

营业时间：11:30—14:00/16:30—21:00

网址：www.dawen.com.tw

浙江私房菜

佳肴隐巷弄，饕客慕名来

曹太太掌厨，唯一独门秘诀是耐心

“只有人等菜，没有菜等人。”这是曹太太的至理名言，店里的每道料理都是功夫菜，想吃就得有耐性，像是做蒜子烧黄鱼，下锅才煎几秒钟的黄鱼，曹太太毫不心疼地立刻把油给倒掉，然后加入一大把的蒜头、香菇，再把豆腐一块块切入锅中，淋上特制酱油再撒上冰糖。接下来还有让鱼更鲜甜的关键：倒入用鸡架子熬煮出来的高汤去烧，转成小火煮上个十分钟，而烧鱼的时候不能常常揭锅盖，要知道鱼有没有熟，这就是功夫所在。至于功夫怎么练呢，曹太太笑笑说就是一练再练，像她进厨房一练就是超过三十年的时间。

私房料理藏身永和，政商名流最爱

老公曹一是她的御用评鉴师，边吃江浙菜边听蔡琴的音乐，曹一觉得这样最对味，因为美食就是要配上对的音乐，这样用餐才能愉快。环顾这间店，没有华丽装潢，只有墙上几幅湘绣字画，几张大小桌勉强挤在一块儿，又藏身在永和的小巷弄里，上门的饕客却都是政商名流。他们最爱的菜肴，当然还有这一道白灼禁脔，选用的是黑毛猪的肩颈肉，一头猪只能切下一二十片，为了选取口感最佳的部位，曹太太把附着在上面的大片肥肉给切掉，留下的就是那雪白又带点粉红的肉片。

吃遍中国餐厅，自己的料理最对味

这对夫妇都有爱吃的性格，曹一是湖南人，太太是浙江人，而曹一的父母二十五年前就是从经营江浙私房料理起家，大江南北吃来吃去，就是没有自己做的口味棒，因此干脆自己开餐厅。原本谦虚话少的曹太太，这会儿还是不由得骄傲起来，她笑说："有时候给我女儿带便当，中午一到，同学都拿着筷子在她后面等着吃她的菜。"每年夫妇俩都会找时间出门取材，走遍全国已经吃遍了几百家餐厅，只要觉得好吃的曹太太立刻下厨试验。想烧出一道好料理，是说不出个公式来的，除了火候的掌控外还要具备同理心，也就是用做菜给家人吃的心情来做给客人。

曹一开餐厅是老板，也是位饕客，更是位性情中人；而老婆掌一身好厨艺，菜一到手，短短二三十分钟，就成了桌上佳肴。夫唱妇随，曹家夫妇要继续到处吃，把曹家口味的江浙菜，发挥得雅俗共享。

美味导航

店名：三分俗气餐饮小店

店址：新北市永和区国光路 49 巷 8 号

电话：02-2231-1103

营业时间：11:30—14:00/17:30—21:00（周二休息）

山居自然蔬食

失业卖蔬食，柳暗花明又一村

半山腰上自然庭园，南欧风情享蔬食

乡村木屋还有黄蓝相间的座椅配色，充满着南欧风情，大片窗户为的是让大家呼吸到山里新鲜空气，想更亲近大自然，一旁还有沿着缓坡而建的半露天空间，这里正是布鲁斯的老家。不过当年这可只是个位于半山腰破旧的矮房子，直到太太送的一张卡片，上面的景象，激励了正失业却又爱做料理的布鲁斯往前冲的动力。有现在的成果，都是布鲁斯和哥哥们一点一滴完成的，在南非生活久了，喜欢大自然、喜欢蔬食，因此不忘在各个角落种起香草植物，他的后花园就藏着二十几种的香草植物。后花园的香草，就是他制作料理的美味秘方，新鲜香草入菜，这是他做蔬食料理的坚持，像是这一道香草松子炒饭，重头戏就是加入刚摘下的迷迭香，但加入的时间点不能太早，以免香草老掉。

大量蔬果入菜色，蔬食料理感念母亲

不说一定不知道，前面介绍的香草松子炒饭，和店内其他料理，其实都是素食。在布鲁斯的用心制作下，菜肴没有素菜给人的人工豆味，完全颠覆素食给人的刻板印象。当初开餐厅定调为蔬食料理，为的是感念母亲，要把母亲的味道给记住，他说："妈妈很晚才生我，所以我妈妈带我像是带孙子一样，她知道自己年纪大，怕将来有一天我结婚，太太即使会料理，也不一定会做妈

妈的菜，所以经常在做菜的时候，叫我在旁边学着，将来这样才不会吃不到妈妈的料理。”

失业不气馁，家人鼓励决心开餐厅

当初跟公司的工作属性不是很能契合、薪水落差实在太大、理念不同，布鲁斯黯然离开出版社，中年失业，还好有许多支撑，像是老婆爱的卡片、记忆中母亲的味道，以及香草老师的指导和半山腰老家的呼唤，布鲁斯下决心做起自己真正爱的料理工作。八年经营下来，从一开始出菜速度慢到被客人骂到臭头，到现在每到假日座无虚席的景况，这一路上心情有起有落，还好有老婆相挺。他和老婆都是二度婚姻，感情路上也都有经验，所以现在更能相知相惜，在这个用爱建造起来的家园里，有着香草创意料理，更有着丰富的人生历练。

美味导航

店名：布佬厨房

店址：新北市新店区车子路 137 号

电话：02-8666-6181/02-8666-6137

营业时间：午餐 11:00—14:30/ 下午茶 14:30—17:00

晚餐 17:00—22:00（最后点餐至 20:30）（除夕 / 初一休息）

网址：http://www.brucekitchen.com.tw/

古早味百年面店

用心将平民面点做出最极致的味道

虾汤原汁原味，走过百年风华

米粉细丝与面条，雅宾环绕餍宵宵；古都食谱添佳点，一段豚香芳味饶。古早砖砌出来的灶，空气中弥漫的肉臊香，这碗面已经传承了一百多个年头。滚烫的汤汁，汤面上满是虾膏，光是闻这一锅虾汤，第四代的洪贵兰就显露出满足又自信的神情。为紧守上一代的原汁原味，她说大概有三个月每天几乎睡不着觉，只为做好虾汤。看到客人在这儿一碗接着一碗叫，那种快乐就是维持的动力。但精华虾汤每一碗面就只来上个一小匙，面、米粉也都只有拳头大小，洪贵兰说这绝对不是小气，因为这碗面强调的就是吃巧不吃饱。

台南水仙宫，担仔面发源地

台南神农路的水仙宫前菜市场，百年前这里就是担仔面的起源地，当时老板叫作洪芋头，依海维生，清明节前后开始海象不好，洪芋头头脑一转，挑着扁担开始在街头巷尾卖起担仔面。没办法捕鱼的月份还是得过活，这就叫度小月。而这面是当点心吃，所以分量给得少，流传到现在成了吃巧不吃饱的精神，更代表着台湾人努力打拼、勤俭持家的精神。

老店口味做调整，研发配菜创新局

老店的历史早已经超越民国百年，最大的变革就是打破了传子传媳不传女的祖训，所以现在台南老店的掌舵人是第四代大女儿洪贵兰。传承有了变化，店内风格也在转变，台南的两间店，一间延续古早味，一间因应大批陆客，空间变得宽敞明亮。老店也开进了台北，第四代的洪秀宏突破父亲的想法，在台北店内加入时尚元素，走的是低调极简风，并深入各乡镇搜寻最自然美味的农产，做成各式创意配菜。

一卷黄面道尽人生，第四代创新页

所有的材料都有时代的考验，以前用的虾子现在可能就没有，所以在食材上要不断地去寻找、研究，这就是洪家担仔面跨入下个百年非常重要的考验。一卷黄面一把豆芽，泼上肉臊倒入虾汤，再加点醋、蒜末，当年一碗小小的面，道尽苦味的人生历程，第四代洪家人，凭着各自一文一武的特质，要让苦味变甜更要变甘。

美味导航

店名：度小月担仔面台南本铺老店

店址：台南市中正路 16 号

电话：06-2231-744

营业时间：11:00—23:30

网址：http://www.iddi.com.tw/

艋舺帮斤饼

面弹肉香，北方豪迈道味

地道北方斤饼，攻占饕客味蕾

来到新竹这家牛肉面店，嘴巴很难停下来，斤饼里放着大把的猪肉丝，一口咬下去，满足的表情全写在脸上。牛肉卷饼也很诱人，卤到入味的牛腱切成片，卷进饼皮内，仿佛回到那种小时候古老眷村的味道，一吃就会上瘾。

中途之家少年，牛肉面店掌厨

这家牛肉面店虽然离市区有点距离，但是天天客满，除了东西好吃，更特别的是店里师傅过去都是狂放少年。像负责切肉的凯文在中途之家待了两年，另外一位文胜，也曾被送到中途之家住了一阵子，文胜说："当初被老师带来应征，心想一定不会成功。"没想到老板娘真的录用他，在这边工作，大家都像一家人一样，这间店给员工以家的感觉。

面店爱心老板娘，为中途之家送温情

老板娘Kiki，是位辣妈，觉得既然店开在中途之家附近，何不就近找员工？所以Kiki一共找了六个男生帮忙，朋友都说她勇气可嘉，但是她认为这些小孩本性不坏，只是缺乏关爱。两年来，这些别人眼中的问题员工，在她和先生的教导下从零开始学起，每个人进步神速，很快都能在厨房独当一面，从锅铲间建立信心，

也从来没出过什么大问题。Kiki 笑说："这些男生一开始来店里都不太讲话，现在每个人都会笑，还会甜言蜜语，行为举止都变得很大方。"Kiki 认为至少在这里可以增强他们的自信心，让他们走出去可以觉得跟人家是一样的。

中途之家资源少，盼店家给工作机会

如此宽厚包容的 Kiki 对中途之家而言就像天使，因为专门辅导照顾十五到十八岁青少年的中途之家资源短缺，营运经费几乎都靠募款，中途之家很希望家园的孩子都有工作机会，学会如何自力更生。但是这些青少年找工作经常四处碰壁，不然就是工作没几天就辞职了，但其实这些孩子想法很简单，只是很单纯地需要一个安定、公平，然后了解、接受他们的环境。在 Kiki 的牛肉面店工作，有了被爱被认同的感觉，成了中途之家孩子的首选理想工作，只是名额有限，许多人都等着店里的人不做了要抢着进来。

美味导航

店名：玺子牛肉面

店址：新竹市博爱街 31 号

电话：03-571-595

营业时间：11:00—14:00/17:00—20:50（周二休息）

水电工名宴

实在真功夫，政商爱这味

李能时掌厨，广东菜尤其专长

当厨师十八年，李能时精通中华料理，广东菜尤其专精，拿手绝活是鱼翅鲍鱼。高档食材做好料理不稀奇，用平凡食材变出不平凡，才是大厨的真功夫，像是鲳鱼两吃，就是平凡中的不平凡。

台味麻油鸡，名人们的最爱

而看似平常的麻油鸡，是李能时的私房料理，饭店菜单没写，要吃得事先预订，每一只都是李能时从高雄亲自抓回来的放山鸡，用心挑选食材。百年老店的顶级麻油，伴着米酒香气，虽然是夏天，也让食欲味蕾跟着“闻鸡起舞”。

水电工转弯，变厨艺大师

这样的好手艺让客人赞不绝口，事实上李能时的客人，很多都大有来头。从日常料理到精致大宴都难不倒李能时，因为他七岁就开始下厨。小时

候因为父母在上班，晚上很晚才回来，李能时下课以后肚子饿，就会自己去弄一些东西给弟弟妹妹吃。久而久之就慢慢地想要去钻研，他从小就爱在厨房东摸西摸，不过长大后当了水电工，跟吃的没太大关系，退伍后进饭店厨房工作也是误打误撞。

凭着对吃的热情，李能时应征上了厨房助手的工作，别人都是十四五岁就进厨房磨炼，李能时晚了五六年，但他用努力补回来，比如：当初学烤鸭他就把握机会，每天硬是比别人多练习一次。还有在厨房时眼明手快。以前的厨房师傅会叫厨房助手做些基本功，基本功做完的时候师傅已经把重要的部分做完了，所以，必须动作要快、比人家多用心，才可以学到东西。

用心加认真，上位独门味

料理达人李能时还经常受邀上电视露一手，非科班出身，也没有太大的天赋背景，因为用心，不到三十五岁的他就当上了星级饭店的行政总主厨，在饭店圈算是罕见的例子。他笑说："以前当学徒跟着老师傅学菜，有时还得偷看偷学才能尽得功夫。"现在李能时带徒弟，则是倾囊相授不藏私，大方分享工作经验。

李能时的成功，就是"认真"两个字，比别人认真、用心就是成功的快捷方式，没有高深学问也并不特别。他的料理平凡中有不平凡，是美味，也是上位的独门味。

美味导航

店名：华漾大饭店中仑店

店址：台北市中山区市民大道三段 209 号 G 楼

电话：02-8772-9666

营业时间：全年无休

午餐 11:30—15:00（最后点餐 14:30）

晚餐 17:30—22:00（最后点餐 21:30）

港味弹牙肠粉

外皮软弹内馅丰，粉味人人爱

肠粉晶莹剔透，赢得客人满堂彩

这款每月至少卖出数万份的肠粉，黄师傅透露他的制胜秘诀是拉出来的，用布拉出透明的肠粉皮，先将米浆均匀铺在布上，再把丰富的馅料一一铺好，接着盖上铁盖用水蒸两分钟，透明薄亮的皮，看得到满满的内馅，除了卖相讨人喜欢，还有七种口味任君挑选，选好喜欢的口味再淋上特调的酱汁，送进口中的滋味，无法言喻。

失业空厨师傅，寻找新天地

难以想象平价肠粉能创造如此傲人的成绩，这群在厨房忙得团团转的师傅们，两年前都是失业一族。原本在食品公司负责空厨事业的黄国辉，专为三大航空公司制作港式点心，曾风光过好一阵子，但先前航空业不景气又遇上金融风暴，他和五个被裁员的师傅想想很不甘心，经过讨论决定另辟战场，从天上转战地上开起平价肠粉店。他们希望这个点心舞台能越扩越大，赚钱之余还可以造就一些工作机会，给其他跟他们一样失业的人。

平价消费，用料不平庸

地道港式点心，便宜的三十几块，贵的不超过七十，比市场价至少便宜三成。营销总监曾世怀说：“其实在计算成本的时候，就已经把合理的利润加上去变成售价，所以我们只赚认为应该赚的合理利润。”许多同业认为，黄国辉开这样的店摆明是来搅局的，但是他认为赚少一点儿没关系，既然是平民小吃，就应该要有平民价位。

黄师傅说：“不论路边摊还是五星级饭店，都是我们这样的师傅在做嘛，而且所有的配方都是从我爸爸那个时候留下来的，一点儿也没动过。”黄国辉十二岁就在香港老字号莲香楼学厨艺，而他的父亲是公认的粤菜大师黄锦，也因此，他的基本功，都是扎扎实实的正统手法。

用心经营，拓展点心版图

尽管如此，黄国辉还是时时创新，一两个月就会推出新品吸引顾客回头，例如爆浆包可是实验了很多次，才成功地让浆爆出来。黄国辉深知点心一旦一成不变，客人总是会吃腻的。面对问题乐观以对，解决问题全力以赴，这就是黄国辉和他的厨师团队，把危机化为转机的成功关键。这一群自称二度就业的大厨们，年底准备开第八家店，战线还拉到台北，大伙正信心满满地拓展北部的肠粉版图。

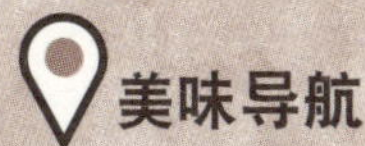

美味导航

店名：港笼崇德店

店址：台中市北屯区崇德路二段 140 号

电话：04-3707-6175

营业时间：11:00—15:00/17:00—22:00（除夕休息）

杨妈妈药膳

中医师药膳，温补心感动

新鲜蔬菜入药膳，煲汤声名远播

杨妈妈每天一早就上菜市场买最新鲜的蔬菜，因为药膳里放当天的食材蔬菜，这个汤头才会鲜甜。杨妈妈也很赶流行，她听说金色可以开运，于是穿着金色围裙，在家里和菜市场间往返。脚穿厚底鞋，健步如飞的速度很难令人相信她已经六十八岁，但八年前，她脚痛到无法走路，那一次的经历让她开始推广药膳养生。

蔬菜面疙瘩增甜味，药膳顺口没苦味

杨妈妈的药膳汤是由许多复方调配而成，这复方中的每一样都是她自己搭配的。像何首乌这一味，专门做给熬夜、少年白头还有腰酸的客人吃；又想到汤里头如果只有中药会太素食，于是加进排骨去熬，而排骨要炖两个小时才会软烂，再跟煲汤一起焖煮，客人一吃就上瘾。有中医师执照的杨妈妈，对于中药材有哪些特性她总能娓娓道出，墙壁上就写满了她熬的药膳名称，有什么症状就喝什么汤。但很多人还是看得云山雾罩，还好杨妈妈有个金头脑，全部一手包办，依照客人的症状端出不同的药膳汤头。

“九·二一”受灾户，熬夜人生苦转甜

当年“九·二一”大地震把她和先生的财富震到归零，为了赚钱，杨妈妈只好到医院帮佣，但体力负荷不了只好到中医诊所当总务。在那段时间里杨妈妈努力研习中医，最后竟然考取了中医师执照，后来自己煲汤改善脚痛症状也分送邻居，因为她的煲汤喝起来不会有太浓的药材味而广

受好评，也因此开启了她那没在计划内的人生。

精通药材定制熬汤，学生老人都爱喝

杨妈妈能够记得每个客人的名字，直接叫顾客的名字让他们觉得暖心，进到这里就像是一家人，包括郭台铭的妈妈还有许多台大和师大学生，每到赶论文、熬夜、气色不好或是发现快感冒时就会来找杨妈妈。如果没办法前来，只要把症状说出来杨妈妈还能宅配到你家，这样的服务已经不是为了赚钱。走过生命幽谷，她觉得健健康康就是福，把客人当作家人，把他们的身体照顾好，只要客人健康，杨妈妈就心满意足。

美味导航

店名：杨妈妈御珍坊

店址：台中市北区北平二街 13 号

电话：04-2293-7377

营业时间：11:30—14:00/17:00—20:30（周一休息）

运动员鳗鱼饭

鳗鱼达人田径运动员，专业养殖销日本

老饕闻香来，要吃得排队

工作日中午十二点不到，台中七期的这家日本料理店，饕客陆续报到。日式开放厨房里，肥美的鳗鱼正烤得火热，客人闻香而来心甘情愿排队，为的全是这一味。在烤炉前忙碌的是老板黄世州，鳗鱼怎么烤才好吃他最清楚。

翻烤数十次，配上独门酱汁

一片鳗鱼得用温火熏烤翻上二十次才能保留细嫩肉质，每翻一次还得蘸上独门酱汁，创造独特的鲜甜风味。配方是日本原来公司做的酱汁，再加上鳗鱼骨和水果一起熬，前台鳗鱼烤得香气四溢，后场也不闲着，白灼过一次的鳗鱼经过蒸气浴后正在排队等着上场，这便是台中第一的鳗鱼饭。黄老板说："蒸软能让鱼刺不那么硬，吃起来就有入口即化的感觉。"又烤又蒸，最后闪耀着焦糖色泽的鳗鱼，配上香气扑鼻的越光米，怎么不令人垂涎。

家里做养殖，黄世州成为鱼博士

黄世州的主业是鳗鱼养殖，彰化鹿港鱼塭占地很大，年产百吨五十万条鳗鱼全部外销日本。因为他与日本商家签有长期合约，鱼还没长大就被订购一空，好的鳗鱼早已被日本商家买走，店里的鳗鱼都是硬留下来的。

运动生理学，用在鳗鱼上

他独门的运送技术，最高纪录运送时间四十个小时，鳗鱼都不会死亡，这是他在读研究生做实验时所独创的方法，将运动生理学运用到鳗鱼运送上。黄世州的另一个身份其实是台中体院的老师，国中时迷上体育，决定弃文从武专攻田径项目，他不顾家人反对，始终朝着兴趣一路当上田径运动员。不过最近几年制度改变，看到学生在田径场上冲刺却在毕业后找不到出路，心疼之余，想到利用自己的资源来开一间餐厅专卖鳗鱼饭，让学生可以就业，在生活上没有后顾之忧。

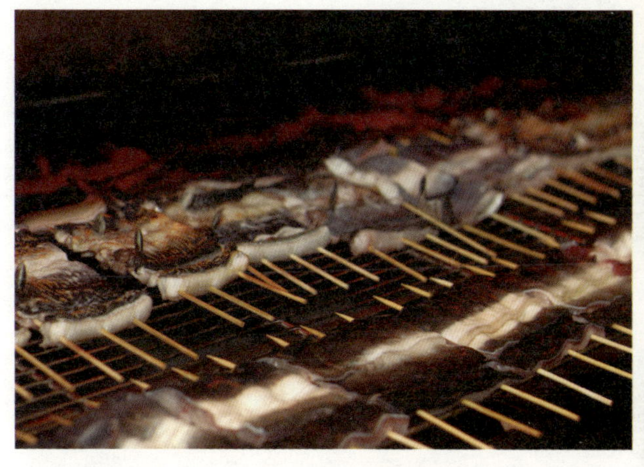

带徒找出路，开店卖鱼饭

擅长排球的郭纹琪，现在是鳗鱼总店的店长，带领学弟学妹学习运动场上没教的就业专长。她说大家都很感谢黄老师对他们的付出，黄老师照顾他们比对自己的小孩还要好，也因此自己每天工作都要拿出比赛时的拼劲努力到底，希望把这家店做得更好，让老师不要再担心，店里卧虎藏龙，每个都是体育健将。黄世州以自己的力量，在田径场上教运动，更在生活上，全力支持学生朝梦想迈进，黄世州和学生的鳗鱼饭不只有美味，还有对兴趣理想的坚持和傻劲。

美味导航

店名：大东屋鳗鱼饭

店址：台中市西屯区朝富路 236 号

电话：04-2251-3447

营业时间：11:30—14:00/17:30—21:30

老牌湘辣菜

东方好手艺，越洋无国界

厨神彭长贵，有请常胜将军左宗棠

湘菜里辣椒是灵魂所在，但不必远到湖南去找，因为这地道的湖南味可是台湾人的发明。彭长贵不但是两蒋时代的“御厨”，中国料理中很多都是彭长贵的发明，像是代表升官发财的富贵火腿，还有站上世界舞台的左宗棠鸡。这道菜是当年在纽约的彭园宴请时任美国国务卿基辛格先生时初登场的，负责掌厨的彭长贵，怕外国人不吃鲍鱼鱼翅，于是研发出这道鸡肉料理，取了湖南常胜将军左宗棠之名，因为左宗棠为清朝打下西南半壁江山，讨回新疆，而且也是湖南人，彭长贵觉得很恰当且有代表性，而这左宗棠鸡家喻户晓的程度，还迷倒了美国前国务卿基辛格，这道料理就此传开红到现在。

蒋经国先生的最爱，彭老板豆腐成招牌

同样是彭老板的发明，而这一味可是对了蒋经国先生的胃口，当天晚上这彭老板的豆腐第一次出现，可让经国先生扒了两碗半的白饭。当时天色已晚，厨房都已下班，彭长贵看到有贵宾来访，赶快跑到厨房里面去看看有没有食材，刚好看到有块板豆腐，就亲自烧了一个豆腐，给经国先生暂时果腹。经国先生一看到豆腐，

也许是因为肚子饿，就一口豆腐、一口白饭，这么一吃就吃了两碗半。而这一道彭家豆腐材料非常家常，有板豆腐、肉丝、蒜苗、豆豉再撒上红辣椒，使豆腐非常入味且香而不辣。彭家的秘诀一是火候，二是辣椒，这红通通的干辣椒是最古朴的干香味，入口时不会辣到喷火，是有层次的辣椒香，直冲鼻腔配上用慢火，煨到收汁入味的板豆腐若有似无的醍醐味，难怪连蒋经国先生也爱。

说不完的故事，料理宛如现代史

看着桌上的菜色，不管是彭家豆腐还是左宗棠鸡，甚至是旁边的富贵双方、竹节鸽盅，每一道菜都有说不完的故事，彭长贵的料理、他的人生都紧密结合了中国近代史。他的儿子彭铁诚说："目前已经开始着手整理数据、各方实验，希望近期内就可以重现父亲当年的风采。"而这将会是一次历史与美食的绝妙结合，令人期待，因为彭长贵这位湘菜食神的名字，早就跟湘菜甚至历史分割不开。

美味导航

店名：彭园会馆

店址：台北市信义区忠孝东路 5 段 297 号 5-6 楼

电话：02-25288122

营业时间：11:00—14:00/17:30—21:30

网址：http://www.pengyuan.com.tw/#/contact

夜市铁板烧

台客结合创意料理，年轻老板重振老店

食材高档价格亲民，夜市铁板烧走红

夜市铁板烧过去给人粗犷的印象，但这里的铁板烧从第一口就完全改观，不管是肉片还是海鲜都是鲜嫩多汁，在铁板上吱吱作响，伴随铲子铿锵的旋律，合奏出最诱人的交响曲。位于宁夏夜市的老字号铁板烧从路边摊发迹，到现在已经有两个店面，当家的也换成了第二代，笑起来有深深酒窝的潘威达，系上客家花布围裙，熟练地舞动着双铲。

第二代博士老板，研发创意菜色

别人看他念到师大博士，来做铁板烧实在大材小用，但他认为自己从小就是在这样的环境长大，不认为来做铁板烧是件浪费才能的事情。虽然是新手老板，潘威达却很敢创新，大胆打破传统铁板烧的食材选择，一道将创意蛋糕用皮蛋、咸蛋、萝卜糕和米血糕一起炒的菜，这灵感来自爸爸妈妈的爱情故事，白色的萝卜糕代表妈妈，因为她是客家人；而黑色的米血糕代表他的爸爸，一黑一白，但是融合在一起变成了一家人。

发动老店革命，父子关系降至冰点

当年爸爸和妈妈不顾双方家长反对私订终身，潘威达觉得这故事十分浪漫，决定把台、客两种元素融入铁板菜色。但是老爸却不领情，认为他在乱搞，为了这些创意料理，父子关系一度降到冰点，潘威达干脆把老爸口中的乱来料理，拿去比赛，结果抱回全台第一，潘爸爸这才妥协。

金融风暴击垮生意，第二代老店翻新

二十年前潘爸爸投资失败，只好到夜市卖平价铁板烧，营业时间比别人长，食材又用得比别人新鲜，生意一天比一天好，好到潘妈妈一个晚上头都没有抬起来过。然而金融风暴突然来袭，小店岌岌可危，爸妈执意苦撑，还要用来贴补家用和店里的亏损，威达才毅然决然地想要改变店里的形象并接手店面。

学餐饮管理的潘威达，把理论应用在老店经营上，自己贷款百万，重新翻修老旧门面，摆脱路边摊形象，鲜艳的客家花布呈现简单时尚的氛围。为了提升平价铁板烧的竞争力，他决定做出品牌和特色，老店的传统美味结合年轻老板的创新作为，使原本一蹶不振的业绩，恢复了天天客满的盛况，潘妈妈的脸上也终于有了笑容。经历一场家庭革命，老爸老妈肩上的担子轻了，儿子的理想得以实现，付出的代价，终究是值得的。

美味导航

店名：香连铁板料理店

店址：台北市大同区宁夏路 16 号

电话：02-24555-8876

营业时间：11:00—14:30/17:00—02:00（周二休息）

网址：http://www.sltpanyaki.com.tw/

多汁牛肉堡

难忘费城味，在台湾重现

费城长大钟情美食，引进铁板牛肉堡

沙朗肉片在高温铁板上吱吱作响，Dave 强调这是他的特制香料，若不加就没有费城的味道，就在这一拌一炒间香气散开了，炒得香喷喷的洋葱沙朗牛排，得淋上这金黄又浓郁的切达吉士酱，完美的搭配让人要去一尝究竟，吃的时候还要配上手工特制意大利面包，费城来的吉士铁板牛排堡，这才大功告成。

样样自己来，年纪轻轻管理架势十足

二十一岁就有十足的霸气，Dave 不是挂在嘴边，而是实地去做。Dave 之前做汉堡肉做到凌晨四点，只为了找出最好的口感和味道，牛肉压好以后去烤，尝一口，不行就再重做，不断地重复，还不断地尝试多种面包，Dave 笑说："我觉得我应该有尝过一千种以上吧。"

母亲经营连锁诊所，从小学管理

Dave 三岁时，手被高温热水给严重烫伤，但他并不因此害怕进厨房，七岁时就被送到美国费城，家人都不在身边，所以从小得学着独立，

每天自理三餐，养成他喜欢下厨做东做西的习惯。一年前大学毕业回到台湾，因为太想念费城美食，于是兴起开店做料理的念头，但是母亲却跟他说："你会做得特别辛苦，因为现在那么年轻做老板，人家很容易看你不顺眼。破解之道就是要对顾客更加谦逊，晓之以理后，还要再加声谢谢缓和气氛。" Dave 的妈妈是台湾知名连锁诊所的经营者，所以 Dave 小学时当同学都在玩的时候，他已经被押着学习怎么样经营一家店。Dave 回想起小时候去一家餐厅，妈妈就会问："你觉得这家店能赚钱吗？"虽然一开始 Dave 一头雾水，但是妈妈还是耐心地分析给他听。

玩音乐得冠军，不当艺人坚持创业

妈妈的话点滴在心头，像是经营策略。餐厅一楼八坪大的出餐区，既然小，就干脆做成开放式厨房，这样料理有没有两把刷子，立刻见真章。也因此吸引顾客围观消费，这样用尽心机，连耳边的旋律都不简单，背景音乐是他自己写的。以前远在费城生活，音乐最能排解寂寞，所以爱上词曲创作，还录制过个人专辑，回台湾后曾经有人想签他成为艺人，不过他只想做好自己这一份事业，更笃定在这个舞台尽情挥洒。

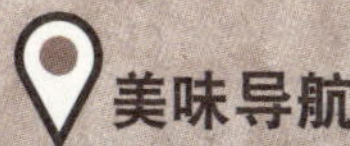

美味导航

店名：起司戴维

店址：台北市万华区昆明街 102 号（峨眉停车场对面）

电话：02-2311-1800

营业时间：周日—周四 11:30—22:00

周五、周六 11:30—22:30

四代虾仁饭

代代相传的在地传统美食

柴鱼高汤炒饭，虾仁盖饭八十八载

大量的火烧虾放进热锅里，快速熟练地翻炒，不一会儿工夫，已经是老店第四代传人的宋老板就炒好了盖饭的主角——虾仁。这里的东西之所以好吃，最主要是因为新鲜，用料其实简单，单用葱下去翻炒，调味也只有酱油跟糖。用猪油快炒过，又带点焦香味和葱香的火烧虾，就将它们放在米饭上，再弄得漂亮一点儿，香喷喷的虾仁盖饭便大功告成。这样一碗日式风格、台式手法的盖饭，一传承就是八十八年。

每早现剥火烧虾，顽固坚持手工

每天一早，阿嬷许芙蓉就领军手工剥虾，别看她已经八十岁，却依然手脚利落。先去虾头，洗净后再把虾壳剥掉，仔细挑去肠泥，不仅要干净，还要保持虾仁的完整性。之所以选用火烧虾，除了它是南台沿海主要渔货外，再就是它特别有虾子的香气。

柴烧老灶调美味，锅巴柴鱼猪油飘香

店内的高汤全都用柴鱼熬，而且还是在灶上用柴火烧出来的，连米饭也是如

此，这样的饭煮出来才有锅巴香，只是一不小心柴火就会失控。旧式厨房里除了传出米饭香，更让人意犹未尽的就是这个炸猪油香，这猪油一天可以用到三四桶。尽管第二代和第三代男主人都已离去，不过第四代女儿和女婿有心，不怕苦地接下这份重担，但面临的第一个挑战就是不被信任。

传承四代夫妻接手，年轻掌店受质疑

老顾客念旧，让夫妻俩备受打击，但打击不只在外，连家人也加入战局，夫妻俩从饭店学来的企业管理全都遭到家人反对，但他们还是义无反顾地往前进，甚至还开发出属于他们的菜色。像是每天剥剩的大量虾壳，他们就提供给鸭蛋伯拿去喂鸭，鸭子生下的蛋就更加鲜美，再把鸭蛋打成蛋花加入高汤，就成了美味的鸭蛋汤。鸡蛋更有蛋香，浓郁饱满的蛋黄汁液，把它淋在虾仁盖饭上，都成了店里的热门料理。

遵循古法赢信任，简单美味迈百年

虾仁盖饭的美味每天就从第二代老人家剥虾展开，第三代的叔叔不畏高温，煮出最好的料理基底，再由第四代夫妻创新再开发，一路走来遵循古法，没有投机的真诚美味，扎扎实实地迎接老店的第一百年。

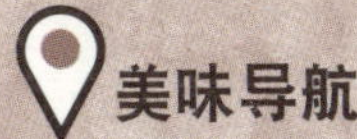

美味导航

店名：矮仔成虾仁饭

店址：台南市中西区海安路一段 66 号

电话：06-220-1897

营业时间：07:00—19:30

辣妹卖辣面

化思亲为动力，麻辣层次风情万种

穿着清凉似明星，传承老爸麻辣味

江绫轩卖麻辣面，没注意看还以为是大S站在面前，通常客人还没吃到面就已经被她这一身惹火的清凉装扮，呛得晕头转向。越热她穿得就越麻辣，不仅客人喜欢，就连婆婆妈妈也吃这一套。江绫轩毕业后卖过衣服、保养品，还在餐厅工作过，最后终于成功说服老爸重操旧业，再度经营起这家麻辣面店。

妻病逝受打击，忧郁症后再展厨艺

江绫轩说："妈妈刚过世的时候，爸爸会觉得，好像人生没有意义，所以那时候我也会找他去唱歌，带他散心。"江太太八年前过世后，深情的江文雄不仅将两人打拼的小吃店收了，整个人甚至罹患忧郁症。江太太总是对江文雄说："我们要一起打拼，打拼到停止呼吸的最后一刻。"因此生病了她也是爬起来继续工作，就算因为肝癌吐了一脸盆的血，也不愿坐上救护车。江爸爸难过地说："她嫁给我她很不幸福，让我很愧疚，我没有让她享受到好日子。"

新鲜辣椒自制辣油，独创五种麻辣

女儿看不下去，百般哀求，他才又重展厨艺。最厉害的就是制作红油，想做辣油不能心急，新鲜辣椒买来后，搬出工具自己绞碎，然后一瓢一瓢舀进滚烫的色拉油里，用辣椒粉做辣油反而不香，红油一定要慢慢煮，一旦温度太高会烧焦，温度不够又逼不出油。小小的厨房里，一下子就充满了呛鼻味，但江文雄对辣椒已经免疫，而他最厉害的就是做出辣的层次，第一次爆出的辣油是轻辣，继续加入鸡心椒去爆就成了中辣，中辣再加入鬼椒，甚至是野山椒就成了重辣，所以店里只要加一滴就能让你瞬间飙汗，要能够成为辣到痛苦至极的超级辣油，就需要至少六道工序。

父女经营麻辣面店，思念亡妻忘不了

喜欢做红油，全是因为当年麻辣锅盛行。将红油淋在面上，就成了麻辣面。制作各式小菜，尤其是绿豆凉粉也会加点微微辣，各种辣因为不同食材，有了万种风情。狭窄的厨房是做辣油的重地，又呛又辣就像父女俩的个性。两人是父女，更像是最好的朋友，每天就在互相吐槽声中，用感情烹调出可口小菜。江文雄现在已经将做辣油技术，传给了儿子和女儿，俩人各开一家店。店里有着江文雄对老婆的思念，就像吃辣的感觉，永远忘不了。

美味导航

店名：大王麻辣干面

店址：台北市信义区吴兴街 118 巷 25 弄 12 号

电话：02-2766-3009

营业时间：11:00—14:30/17:00—20:30（周日休息）

三兄弟海产

兄弟齐心烹调海之味，各类鱼鲜尽入口

台南捕鱼三兄弟，每天出海现抓现煮

凌晨四点多，二哥余俊民驾着舢板出海，时速一百多公里奔腾在海上，从安平港出发，这趟航程一跑就是三十几年，哪边有什么鱼他都知道。从小三兄弟的父亲靠着打鱼养家，每次出海都带着他们，慢慢地三兄弟也都爱上大海，爱上追逐鱼群的快感。

熟识百款鱼，感念父亲传授真功夫

余俊民感慨地说："今天这项绝活，都要感谢爸爸的教导，但现在想钓给他看，他却看不到了。"每次出航归来，下了船就赶紧飞奔回大哥的鱼汤店。抓鱼是二哥和三弟最擅长的，烹调就交给大哥去做，看看这冰箱里，摆满了一二十种琳琅满目的鱼。因为现抓现煮，总是吸引老饕上门，通常只要他们使个眼色，大哥就知道他们要吃什么鱼。

料理鱼汤一把罩，汤鲜味美饕客爱

其中石斑鱼最受欢迎，因为肉质弹滑，富含胶原蛋白，所以爱美女生总是吃这款；而海鲡因为肉质细，老人小孩都喜欢。要吃出鱼的鲜美，不用多说就是煮汤，其中高汤也是用鱼去熬的，加些姜丝洒些盐巴再倒些米酒，大火滚个一两分钟就得关火，煮太久的话，就会浪费鱼的鲜味。喜欢日式口味的，大哥也备有味

噌汤底，但不管是什么汤底，这肥厚的鱼肉，就是最吸引人的地方，而台南人总是喜欢一口白饭，一口这海味。

热爱极速快感，三弟专门潜水捕鱼

在父亲的指导下，三弟也是位捕鱼高手，但不同于二哥，他喜欢的是潜入水里去捕鱼，差不多五秒钟就一条。三弟就是爱这极速快感，所以经常半夜还在海底捕鱼，最近最自豪的就是曾捕到过重达三十五台斤的龙胆石斑，赚了两万块。半夜捕上来的鱼早上六点就开始摆摊来卖，因为新鲜，通常十点不到就卖光。

兄弟海海人生，端上美味乐天知命

大哥小时候，因为有次溺水经历，所以对海起了戒心，现在下水就交给两位弟弟，他就负责打理岸上的一切，大家分工合作，兄弟情就像在倒吃甘蔗。浓眉、爱笑是这家人的标志，父亲给的这份海海人生，余家三兄弟尽情发挥，让人尝到美味，也看到乐天知命。

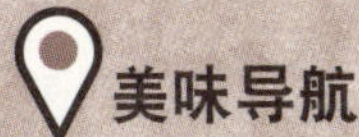

美味导航

店名：钓鱼店鱼汤

店址：台南市国华街、民权路口

电话：06-222-5651

营业时间：06:00—21:00（周一休息）

老店油饭香

物美价廉，打动人心的古早糯米香

市场古早味油饭，飘香半世纪

粒粒分明材料丰富，香喷喷的油饭已经飘香五十年。老板娘刘素卿从少女时代卖到当阿嬷，而物美价廉是最好的广告宣传。当年金马奖在高雄办桌，都邀请刘素卿和她儿子韩秉正担任主厨之一。韩秉正笑说："做吃的，妈妈一定要给客人便宜、好吃。赚少一点儿没关系，但是一定要好吃，做生意一定要有信用。"这好味道，要维持半世纪，其实简单但也不容易，当天做当天卖，是新鲜美味的第一要求，每天四点左右天色朦胧时，住家楼下已经飘散着柴烧香。

大灶柴烧煮，飘散柴香味

鸡蛋鸭蛋先下大灶卤味，因为一天要卖六千颗以上，必须得先备好料。蛋刚卤好，立刻准备重头戏，坚持油饭要用在地材料，才是纯正的台湾味。长糯米吃起来很有口感，每天要煮六十公斤的米，要随时注意时间掌控。而另一头大灶里干柴烈火，等着要把生米煮成熟饭。小小的工厂里，温度飙上四十摄氏度，煮饭的人跟着做三温暖，所以年轻人都待不太久，但是韩秉正看到妈妈忙成这样，也不忍心，于是退伍后就接下自家工作。超过十五年资

历的韩秉正尽得妈妈真传，全台南四十岁以下的油饭达人，韩秉正排第二，没人敢说第一。屋檐下传来炒肉香，炒的是特选猪胛心肉，肉质结实不油，完全没有腥味；而这里的花菇，也比大陆的贵上许多，吃起来才会香。我问刘素卿有没有独门秘方，她笑说她没有什么秘方，有的仅是料好实在、便宜超值。

料好又便宜，胜出大关键

刘素卿小时候家里环境不好，读完小一上学期就自动退学，到总铺师手下工作帮家里还债。结婚后想贴补家用，每天骑六公里的脚踏车到市区卖卤蛋和油饭，为了要更有竞争力，好吃、便宜是唯一法宝。把香菇肉块和着酱汁淋在白嫩嫩的糯米饭上，再焖个十分钟，接着搅拌，古早味油饭就可以出场见客了。油饭加上甜糯米饭配上两颗红蛋装进饭盒，就是老台南人弥月油饭的第一首选，就这样靠着口碑相传，刘素卿的油饭中午不到就几乎卖光光。第二代老板韩秉正更不敢松懈，要把妈妈打响的招牌擦得更亮，让这老味道传下去，母子两代油饭坚守市场角落，用真材实料证明，认真用心就是专业真功夫。

美味导航

店名：韩氏古早味油饭

店址：台南市神农街 12 号与 10 号对面（水仙宫内）

电话：06-228-1832

营业时间：07:30—13:30

（每月最后的周一休息 / 逢节日提前一周）

后山尝鲜蔬

健康养生的自然甘甜鲜蔬味

大口吃青菜，花莲养生火锅

花莲吉安的这家火锅店，主打的不是高档肉品，而是这些看似不起眼的野菜。客人自己动手夹菜，老板陈樱美在旁解说，每天采到什么就吃什么，随着季节不同有不同的野菜和九种汤底，在锅里熬出甘甜，空气里弥漫清新香气，客人吃得津津有味，每个人嘴里塞满野菜，没有人面有菜色。

满地是宝贝，她如数家珍

蔬菜鲜嫩和自然的菜香每天现采现卖，中央山脉脚边，空气微湿带着清草香气，木瓜溪引入的灌溉水源透彻清凉，一旁进入休耕期的田园，长满不起眼的杂草，在陈樱美眼中都是宝贝。不过十五年前刚搬来花莲时，她一种也认不出来，充满生活智慧的阿美族人恰巧成了咨询对象。四十多种野菜，依照季节时序，自然上架，天生天养，没有农药化肥，只有阳光空气水，并汲取天地精华。

女强人罹癌，危机成转机

现在的陈樱美乐观开朗，不过十五年前医生宣布她罹患甲状腺癌的时候她的人生却陷入谷底，原本拥有八家店面的美发业女强人失去笑容。开刀之后，朋友建议她到花莲休养，没想到三个

月后癌细胞扩散到脑部，西医也束手无策。她认为只要有一丝希望，不论什么方法都愿意试试。她心想：改变饮食、调养体质，也许是一条活路，于是投入研究杂草野菜，一吃就是两三年，竟然走出生命低潮。她便决定开一家野菜餐厅，要告诉大家吃野菜的好处，吃野菜不是吃素苦行，还能搭配丰富的鱼、肉类，并自行研发野菜蘸酱，让害怕草味苦味的人也能享用这天然野味。

研发健康好滋味，梅子莲花样样来

身为客家人，她还有另一样拿手绝活，四五月腌梅子，十一月腌洛神花，添加物很简单，只有盐巴、砂糖和时间，拒绝任何化学调味。而店里另一样招牌菜品则是充满视觉效果的九品莲花锅，采自附近池塘的干净莲花下锅后灿烂绽放，让人大开眼界；莲花香气扑鼻，让嗅觉细胞苏醒，这些都是店里的人气料理。

现在餐厅成了花莲美食地图上的景点，陈樱美计划过一阵子要在餐厅旁边盖民宿，让游客来这边一泊二食做养生之旅，然后分享她的人生故事。置之死地而后生，走过生命幽谷，陈樱美乐观面对所有挑战，不怕未来的凋零，每天要活得像棵美丽的樱花。

美味导航

店名：樱田野餐厅

店址：花莲县吉安乡福兴七街 8 号

电话：03-8540366

营业时间：11:00—14:00/16:00—21:00

（法定假日：11:00—21:00）

网址：http://www.038540366.com.tw/index2.php

忏悔桶仔鸡

浪子回头，窑烤桶仔鸡化身浴火凤凰

柴烧瓮窑鸡，美味很独家

经过台九线，要上北宜交流道前，总会先被浓浓的柴烧香所吸引，中午吃饭时间还没到，路边土鸡城已经开始忙碌，桌上的土鸡排排站准备赴汤蹈火，成为众人口中宜兰第一的瓮窑鸡。老板林宜桦自豪地说：“只有黑色的放养土鸡，才够资格成为瓮窑烤鸡。”厨房后头正在处理的，就是早上才刚送来的全鸡，得先做草药浴才能入味。

肉嫩皮又脆，口碑聚人潮

鸡只做完草药浴后冰镇二十分钟，让表皮紧致吹弹可破，接着风干，再刷上另一道独门酱汁，就可以进瓮窑变身。大烤炉温度高达两百摄氏度，只能烘烤三十五分钟，必须随时紧盯才不会错失良“鸡”；而火候更是关键，要让瓮窑鸡熏出龙眼木的果香味。所有的学徒都必须学习，温度控制学半年以上，才能够出师。鸡只烤到金黄，飘散着诱人香气，最后再进到小炉子里五到十分钟烤到皮脆后，全鸡上桌，双手拨开肉嫩汁多，让人不计形象大快朵颐，客人佳评如潮，最高一天可以卖到一千多只。

年少曾轻狂，历人生考验

林宜桦年轻时不爱念书，退伍后电玩业酒吧全都做过，还首创全台湾第一个PUB钢管秀造成轰动，后来因为生意纠纷，林宜桦犯了恐吓罪入狱服刑一年，人生前半场只能归零重来。出狱后，林宜桦痛定思痛、金盆洗手，回家学阿嬷的烤鸡手艺，在云林开了第一家瓮窑烤鸡店，生意好得不得了。后来他看到北宜即将通车，直觉礁溪有新的商机，于是背井离乡到人生地不熟的宜兰卖瓮窑鸡，因为位置好，口味佳，新台币如潮水般涌入。不过人生总有考验，开店没多久电线走火，一把无情火，又得从头再来。

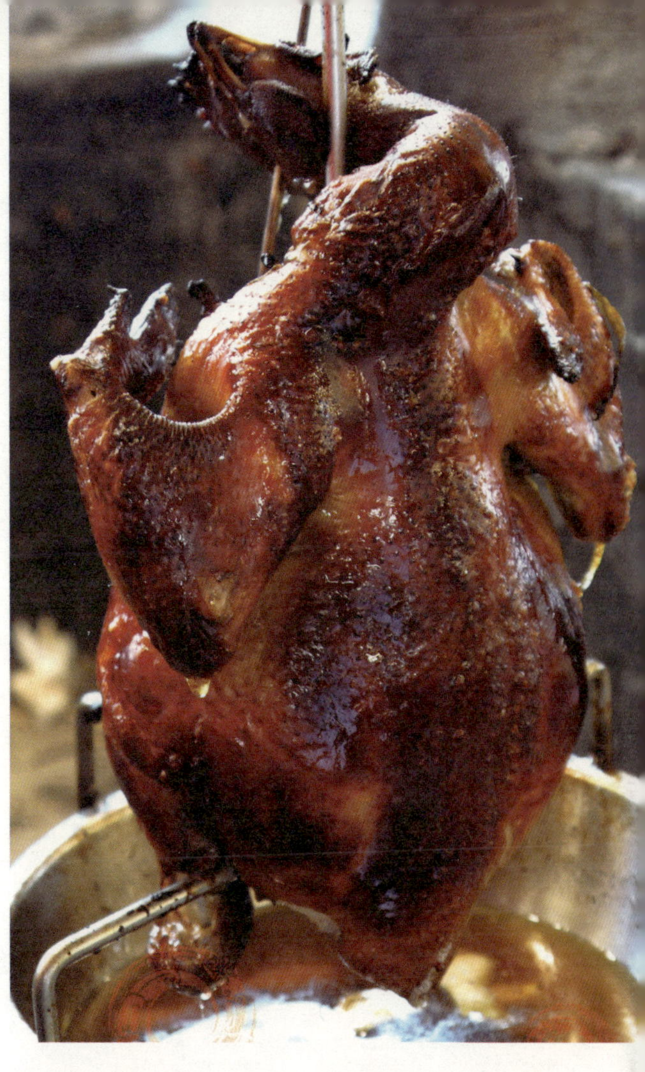

创造跟风潮，努力出头天

林宜桦咬牙硬撑，不到一年总算还清债务。林宜桦说卖瓮窑鸡是他做过最辛苦却也是最快乐的工作，因为赚这个钱最心安理得，也花得最安心。现在他带领了礁溪台九线掀起烤鸡风潮，短短百米的街道，就出现了六家烤鸡店，成了共荣一条街。林宜桦说："大家是公平竞争，而且还能带动地方发展。被人当成仿效对象，这是自己从来没想过的事情。"浪子回头，"有鸡可循"，林宜桦的烤鸡美味诱人，人生的考绩涂涂改改，最终也拿下了高分。

美味导航

店名：瓮窑鸡

店址：宜兰县礁溪乡礁溪路7段7号

电话：03-8540366

营业时间：10:00—22:00/ 周末假日 8:00—23:30

网址：http://www.0918717288.com/

老沙茶火锅

险些失传的独门秘方沙茶锅

独门沙茶酱，甘甜带微辣

制作沙茶酱相当难得一见，滚烫的油瞬间淋在配料上，吱吱的声响，带出又香又呛的味道。这间已经五十二年的老沙茶火锅店，人潮就是这么多，大家就是冲着这一味沙茶酱而来。沙茶酱尝起来有着台南独特的甜和咸，还有点微辣口感。做沙茶工序繁复，老板娘陈苏玉叶讲求每一步都要到位，做出的质量才会稳定。

先生陈木盛是广东汕头人，当年随着军队来到台湾，靠着家乡著名的沙茶酱做起小吃摊生意。一开始做热炒，结果菜单开太多嫌麻烦，后来为了方便就改推吃火锅，再蘸上先生祖传的独门沙茶酱，生意开始转好。

秘方传男不传女，下跪发誓求配方

陈苏玉叶感慨：当生意好转的时候，先生突然中风，这才注意到维持家计的沙茶制作，小孩因为小还学不会，碍于祖训不得传授给太太，眼看就要失传，陈苏玉叶几乎是下跪求着先生说出秘方，先生后来才妥协，叫他们去看衣橱上的镜子，把它弄坏，秘方就写在镜子后面。但秘方根本看不懂，大儿子求爸爸教他们，到最后他才自己说出秘方，并且要他们发誓不会去教别人。过了三个月陈木盛就因病去世，虽然已经从衣橱镜子里拿到秘方，但苏玉叶还是经过一再尝试和创新改良，才做出对的味道。

扁鱼冬菜火锅汤，老店屹立半世纪

除了沙茶酱吸引人气外，还有他们的汤里放着自己炸的扁鱼。扁鱼带出鲜甜味，老客人习惯再多点一盘，让汤头喝起来更加浓郁。从先生时代就手工制作的鱼册，现在还是坚持饺子皮是用狗母鱼肉又摔又揉做成的，为了捍卫这个好不容易争取来的老招牌，陈苏玉叶养成做事一板一眼的习惯，所有的食材都得要经过她品尝，沙茶酱对了味她才点头上架，否则和沙茶不配，就算是叫好的进口肉片，她都不用。现在老店在两个儿子接棒下积极转型，走出巷弄外，还在百货商场设点，同时开发出沙茶酱礼盒，让不能亲自来店里尝鲜的民众也能吃到这份好滋味，现在陈苏玉叶也终于能给先生交代，秘方没外流，汕头家乡的沙茶老口味在台湾继续发扬光大。

美味导航

店名：小豪洲沙茶炉

店址：台南市中西区中正路 138 巷 11 号

电话：06-2240031

营业时间：10:00—23:30

网址：http://www.how-chou.com/

北方酸菜锅

白菜酸爽脆，鲜汤清甜入脾胃

酸菜白肉锅，酸中有温润

丰富的食材，装成一锅的澎派，东北酸白菜原汁原味，冷冽寒冬中温暖脾胃，在心里满足。酸白菜锅要上客人的桌只有两个标准：汤头要清淡够味，白菜酸而不呛。材料很简单，不需要弄得太多，真功夫是在师傅手上。汤底沸腾后，得要小火熬煮四个小时才能完工，而另一个主角酸白菜则要一个月前就斋戒沐浴，才能出场见客。

不用醋酸压，酸味有厚度

当季的山东大白菜，鲜脆爽口，对半剖开放进大桶子里整齐

排列，一层白菜、一层盐巴，堆叠好几层盖上满满的花椒，然后倒入花椒水、洗米水和高粱一起发酵浸制。每个星期一次腌五十斤，一年要将近三千斤才够用。酸白菜要温润有后劲，酸中带甘才是正宗东北味，若是用速成方法，下锅就露馅。如果是用醋压，前面的汤头是酸，后面就不酸了，而且它的白菜是烂的，发酵过的酸白菜前面不会很酸，是慢慢地释放酸度，吃到后面它会越来越酸，连白菜也是脆的。原汁原味、东北吃法，唯一的因地制宜是靠海吃海，加入了在地的新鲜海味，使它的汤头比较甘甜。

“跟会”亏千万，人生陷谷底

贾玉清白天站前场，下班后进厨房依样画葫芦，不知道试了多少次才实验出和师傅们一样的味道。贾老板变成贾师傅后，更能掌握质量，生意好得不得了。不过四十岁那一年，太太“跟会”亏了千万台币，餐馆几乎跟着倒闭，太太还跟他说：“我们两个干脆离婚算了，不然两个人都很苦。”但贾玉清说：“要苦就大家一起苦，要好就大家一起好。”还好他豪爽乐观，加上亲友及时伸出援手，让他重新站起。

面食有功夫，客人都称赞

贾玉清养家还债之余，每个月的红利都和员工分红，虽然欠债还没还清，但他不担心，按部就班努力过日子，慢慢减轻负担，就像酸白菜时间到了，自然有酸甘滋味。人生的面团经过老天的揉压变形，肯定会有韧性口感，人生就是要这样不断地挤压，乐观开朗迎向挑战，这北方的豪爽滋味才够味。

美味导航

店名：菁祥听北方小馆

店址：台北县板桥市民族路 129 巷 21 号

电话：02-2957-6143

营业时间：11:00—14:00/17:00—21:00

（每个月的第一及第三周周一休息）

大炮竹筒饭

火烤竹香漫，美味在其中

大炮型竹筒饭，独特美味顾客惊艳

顾客们惊呼连连，一边大口吃肉一边喊赞，大竹筒饭的滋味，让都市人很惊艳，这种别的地方吃不到的大炮型竹筒饭，是南投鹿谷乡小半天地区的特产。老板娘把各种好料，一格一格地放进竹筒内，她说竹筒饭的由来是老一辈为了工作方便，想出来的烹煮方式，他们到山上没有带锅只带米，就用这个竹筒下去煮饭，就演变成竹筒饭。

露天烧烤，超大窑炉保温佳

以前有时候客人晚到菜就会冷掉，于是他就设计一个窑，菜也能保持热度，特别在菜容易凉掉的冬天，就算客人比较晚到，端出来的菜依然是热腾腾的。一个小时后，烤到乌黑油亮的竹筒出炉了，张汉臣利落地把大竹筒一一擦拭干净准备提上桌，别的店家都做小竹筒饭，他偏偏挑战大炮型。他说："因为这边出产孟宗竹，那时当建筑的鹰架价钱很好，舍不得拿来煮竹筒餐，那现在鹰架已经不再用孟宗竹啦！就有机会用孟宗竹筒来煮竹筒餐给大家享用。"他还笑说："那孟宗竹里面有一百多种矿物质，在别的地方摄取不到的矿物质，这个竹筒餐都吃得到。"

地震茶园全毁，茶农转行经营餐厅

其实"九・二一"地震之前，张汉臣根本不是做吃的，茶才

是他的本业。地震把鹿谷许多高山茶园都震毁了，他决定干脆下山，在竹林环绕的小半天地区盖房子，转型经营餐厅。他认为危机就是转机，做茶农也要考虑多元化的经营，于是便盖了民宿和茶园。

淡季的时候，他儿子还会帮人代工，赚一些工资。张汉臣的理念就是：东港没鱼，就往西港驶，这边赚不到钱我们就换另一边，并且总怀抱一颗乐观的心。餐厅从设计到搭建都是张汉臣带头完成，仿唐式的复古建筑，充满浓浓的古韵禅意，后院的孟宗竹林，也成了现成的竹筒饭材料。靠着口碑相传，客人争相品尝特大号的窑烤竹筒料理。张汉臣的儿子也从外地返乡，帮忙老爸经营餐厅。天灾无情，张家人却选择以平静的心面对，在竹林的故乡烤出不一样的人生滋味。

美味导航

店名：小半天南屏湖汉臣民宿

店址：南投县鹿谷乡竹丰村中湖巷 28 之 1 号

电话：049-2676-800

网址：http://www.halfsky.com.tw/

异国伊朗菜

中东料理特殊香料调味，华丽上餐桌

少见异国料理，在台揭开神秘面纱

全台湾唯一的伊朗餐厅坐落于台北，这是一对伊朗父子在台湾打造的一个异国风情家乡梦。老板阿里说："台湾没有伊朗菜，很多伊朗的客户来台湾问我有没有伊朗菜餐厅，所以开始有个想法，开一个小小的伊朗菜餐厅，我们的朋友来台湾可以吃到家乡味，还能向台湾人介绍我们伊朗菜。"

华丽如波斯地毯，伊朗菜滋味丰富

首先登场的是开胃菜，用洋葱、鲜奶油、鸡胸肉所包裹而成的鸡肉卷，蘸鸡肉卷摆盘用的酱料很独到，老板只说这是不能说的秘密，而牛肉用的是从新西兰跟澳洲进口的沙朗牛，再用专门从伊朗进口的特制香料腌制，腌制时间长达两天，接着帮肉按摩按摩，让肉吸收更多香料后，用特制铁叉，一块一块豪迈地串上去，阿里说："这样才能让肉更均匀受热，烤出来的肉才更好吃。"

特殊香料腌制，烤出地道伊朗味

烤肉前，阿里先诵古兰经，经过这一些繁复用心的步骤之后，才开始地道的伊朗烤肉。使用羊肩胛肉制作的羊肉烧烤串和炖制长达七个钟头的炖羊腿，更是店内招牌。有人说：伊朗料理就像是华丽的波斯地毯，口感丰富、颜色艳丽、色香味俱全堪称一绝，

就连饮料喝起来也特别有学问，喝起来感觉咸甜又带点清凉的滋味，这可是伊朗地道的优格果汁。

经商爱上台湾，伊朗爸爸举家定居

店里头的摆饰跟茶具都远从伊朗进口，用心处处看得见。十年前伊朗爸爸 AMINI，因为贸易生意来到这里，因此爱上台湾，把一家人也带了过来，AMINI 除了爱上台湾美食之外，也想让台湾人爱上伊朗美食，才有了开餐厅的梦想。不料一开始却大受打击，因为违建问题惨赔将近三千万，跟台湾百货业者打官司、讨公道，到现在都还在上法庭。“那时候也有很多人问我们说你还爱台湾吗，我们还是说爱这里。”他说，“每一个地方有好的人也有坏的人，不论在哪儿都如此，所以我们没有办法说这个人错了，所以台湾一定不好。”

遇到挫折也没放弃梦想，这一对伊朗父子咬牙苦撑，阿里还曾经在台湾拍广告，也曾经在影片《鸡排英雄》当中饰演过角色。阿里说自己已经是地道的标准台客，也希望下一次台湾人来到他们的店，也可以感受一下当伊朗人的滋味。

美味导航

店名：波斯天堂

店址：台北市南京东路五段 6 号 2 楼

电话：02-2767-1661

营业时间：11:30—15:00/17:00—22:30

街头小吃篇

美味小吃，遍及全台，
有坚持传统口味的夜市美食，
也有充满异国情调的创意料理，
只需简单几个铜板，吃巧也吃饱。

棒球肉圆

从棒球到肉圆，打好人生这场比赛

少棒金臂捏肉圆，陈昭安棒球梦醒

台美“断交”后头一年，有这么一个小投手，创下至今无人可破的完美纪录。蒸气氤出的晶透肉圆，是陈昭安现在的挑战，曾在世界少棒赛中投出完全比赛的金臂，如今拿着的不是棒球，而是菜刀。他说：“肉圆要好吃，不能全部都用瘦肉，要用肥肉增加它的甜度，这样才会吃出一种香味。”而肉圆的外皮，用的是在来米跟地瓜粉（加点地瓜粉才会使外皮更弹）。但对棒球的热情，却仍在他的弹指之间，有时候在捏这个肉圆时，他会想一些棒球的玩意儿来消遣自己。放得下、笑得开，这段路陈昭安走得颠簸，因为当年的那场中国台北对意大利之役，还是那么鲜明地刻在脑海里。

少棒少年光环重，清洁工一职也难求

十二岁的陈昭安一战成名，却也埋下过度使用手臂的阴影，高中时手臂受了大伤，加上家道中落中断了他的升学路，他想要去应征一份球场的工作，只是整理球场环境的工作而已，讲明白一点儿就是清洁工。但最后他没能得到这份工作，并非他高傲，也不是他不愿意，而是对方总是认为请不起他。沉重的国手光环，压得陈昭安不敢面对社会，一度选择颓废放弃，穷到得和孩子共吃一碗泡面。

朋友鼎力帮忙，陈昭安站上肉圆舞台

好在有朋友的帮忙，陈昭安顶下肉圆摊，重新来过，陈昭安是谁，不再重要，只要客人一口接一口，这就够了。陈昭安现在

总算能展开笑容："以前棒球场是我的舞台，现在这个也是舞台呀，把这个当作喜剧舞台，是我的人生目标舞台，也是要生活下去的舞台。"送往迎来，一瓢一勺，陈昭安面对的是最平凡、也最真实的人生。

即使离开棒球舞台，心仍留在球场上

收了摊，他义务担任业余垒球队的教练，因为棒球的DNA，依旧在他血液里跳动着，找寻那种打击也好、球感也好，这汗就觉得流得对。担任垒球队的教练，陈昭安仿佛又回到威廉波特的那场比赛，但他心里很清楚，自己已不再是金臂投手，他说："分数得很低的时候，自己会懊恼，还曾经气倒，在夜市投那个九宫格只投中三颗球，气得那一餐饭都不吃了。"早过了不惑之年，看透了人生风景，他说现在的他，永远在刚开始的一局上，只是这回拼搏，是为了家，不为其他。

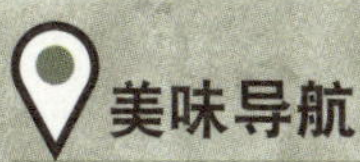

美味导航

店名：潮州肉圆

店址：台中市北区青岛西街46号

电话：04-2291-4145

营业时间：11:30—20:00

百年肉粽

珍藏在竹叶之中的山珍海味

鲍鱼干贝十种食材，百年肉粽一斤重

巨无霸的尺寸，晶亮的糯米，里头满满食材，花菇、后腿肉、大栗子甚至有干贝、鲍鱼，吃一口是绝佳美味，更是一个传承一百三十年的美味，笑脸迎接客人的是第四代传人吴立源和老婆张英美。一个粽子竟然包了十种食材，还包括高档的鲍鱼和干贝，怪不得吴家包一个粽，比别人家的肉粽至少大个两倍，除了大、料多，究竟还有什么秘方？

四代相传百年店，粽馅遵循古法秘方

拿着超大铲子炒着二十斤的韩国花菇，这是肉粽馅料百年秘制的好滋味。继承了婆婆教导的祖传秘方，老板娘的小小身躯却拿着大大锅铲，持续一两个小时不停翻动。她笑说："刚开始这样觉得很重，越弄就越熟练啦。"已经卤入味的花菇，是上等的馅料，还有一个同样也是百年的独家配料——肉臊。美味都是从这一锅开始，差不多要用一个半小时，才能卤制完成油油亮亮的香甜肉臊。

粽叶精挑细选，第四代包粽好功夫

因为肉粽大颗，吴家的粽叶要包三层，外头是两层桂竹叶，内层则是煮过了的青竹叶。桂竹叶比较有韧性，在包的时候、在使力的时候，比较不容易破掉；里面的麻竹有淡淡的清香，而且不会黏米，从内到外都是经验、都是学问。这包馅料的功夫更是一绝。放、包、转、系，最后一拉，吴立源只花四十秒。这个粽子变大的时候，按住要马上旋转，这样比较扎实。包起来的粽子是有棱有角，捆的时候也是要刚好，太松的话会漏掉，太紧的话煮的时候会绷开。

清同治十一年，一根扁担卖粽起家

美好的古早味，要追溯到清同治十一年。来自福建泉州的吴粲，在府城上帝庙旁，挑着一根扁担卖起肉粽，一直传到第三代吴金发，才在隔壁买下这三十坪的店面。开到现在，差不多有将近五十年的历史，远近驰名，天天有外来客专程上门，连大导演李安、蔡明亮，还有日本美食节目都来采访。

第五代接班，百年肉粽持续飘香

两颗心、四只手，夫妻俩不停地包着粽子，虽然订单如雪片般飞来，但夫妻俩接班二十年来始终维持一家分店。目前大儿子念高雄餐旅学院，毕业后也打算继承家业，成为第五代传人，传世百年的美味，也将永远飘香。

美味导航

店名：再发号

店址：台南市民权路二段 71 号

电话：06-222-3577

营业时间：09:00—21:00

网址：http://u77s23.myweb.hinet.net/

逢甲薯王

美食一级战区，发现生命『薯』光

美味烤薯味飘香，知名夜市人龙长

万头攒动的逢甲夜市，长长的人龙分外醒目。甫一入口，就被这个口味融化掉了，飘飘欲仙的滋味，都来自这团热腾腾的烤马铃薯。烤得入口即化的马铃薯，淋上特调的黄金起司酱汁，还有二十多种配料可以搭配，老板很用心，顾客很开心。自称“薯”长的马铃薯老板张绍明，平均一个晚上卖三百个烤马铃薯，假日曾经卖过上千个，张老板说，马铃薯让他看见生命的“薯”光，不单是收入稳定了，最重要的是马铃薯开卖之前，他根本就不想活。

负债千万两度寻短见，平民美食辟活路

张绍明十七岁就已是月入十五万的厨师，还当过大饭店主厨，三十岁那一年南下发展，交了坏朋友投资地下赌场，欠下四千万的债务，万念俱灰的当下，他连想都没想就买了木炭，回家准备结束生命。还好，妈妈察觉儿子行为怪异，及时阻止。但问题还在，房子差点被查封，看见母亲东奔西跑凑钱保住房子，张绍明终于清醒，那时烤马铃薯开始在夜市风行，他抢搭热潮也跟着人家做流动摊贩去卖，结果被当作狗来对待。

来回奔走苦撑一年，研发独门酱汁

“在场主的眼里我们等于是外来的。他高兴了才跟你说今天哪些空位可以让你摆，但为了生活也得吞下去。”苦撑一年他终于排到逢甲夜市的摊位，要在一级战区求生存，拿不出真本事，怎么跟其他四五家同样卖烤马铃薯的摊位拼场。于是张绍明拿出当年做大厨的本事，他费心研发各种配料，把它当成餐厅在经营，食材也是最新鲜的，马铃薯也一定要用菜瓜布洗干净，此外他的独门秘诀，就是这口感浓郁，别家研发不出来的黄金起司酱汁。

了解顾客喜好，翻垃圾桶做民调

这几年来，许多同行也纷纷收摊，张绍明靠着口味不断推陈出新，成为夜市的“薯”王。为求了解消费者的喜好，他还经常检查附近的垃圾桶，看丢掉的有哪一些口味。如果没看到自己的作品吃到一半就被丢掉，张绍明就会很满意，转头继续做生意。

不起眼的马铃薯，烤出精彩夜市人生

生命的奇妙在于柳暗花明又一村，过去根本连看都不会多看一眼的马铃薯，竟然变成扭转命运的希望窗口，现在的夜市人生，很有幸福的味道。

美味导航

店名：一家之薯

店址：台湾台中市西屯区文华路 69 号

电话：04-24526521

千层葱花饼

葱花饱满诱人，香气扑鼻来

外酥内软，饼皮独家秘方

热腾腾的饼刚出炉，赶紧把大饼切开，葱花香味四散，把人潮通通吸引过来。隐身在市场里头的千层葱花大饼，摊位前却总是涌进满满人潮，想吃还得先领号码牌，这饼一天可卖上一百多张，因为这层层丰富扎实的葱花馅，让人光是看就口水直流。这饼皮外酥内软，因为老板贾妈妈有秘密武器，才能制作出与众不同的外皮口感，做出来的饼又香、又松、又软、又好吃。面皮制作是不能说的秘密，而内馅的关键主角宜兰三星葱，一大把一大把都得洗得干干净净，因为贾妈妈在乎的是干净用心。

三星葱馅，细致有层次感

葱花切得细致，站在一旁的人被辣到眼泪直流，但对老板来说这早已是家常便饭。葱花调味之后，大方均匀地撒在面团上头，一次次地对折再擀开，才能让大饼吃起来具有层次感。用专门引进的烤盘制作，当大饼在锅里出炉之后，一切开，青葱香满溢在空气中，其中的层次感、满足感，都在咬下时让味蕾瞬间获得满足。

日子辛苦，能做就是福

店内个头魁梧、体形高大的两人，都是贾妈妈的宝贝儿子。当年贾妈妈跟丈夫退休之后还开店，其实是和儿子有关。三年前金融海啸的裁员潮，让贾妈妈的大儿子意外失去了工作，于是贾妈妈和丈夫毅然决然自掏腰包，带着儿子跟师傅学做饼。尽管日子辛苦，但对她来说，只要能看到孩子稳定，能做任何工作都是福。

痛失丈夫，三十年夫妻情

烤出最地道的北方家常点心，这样的辛苦是有代价的，虽然创业就打响名号，不料却在生意正好时，一夜间一起打拼的丈夫突然过世。相互扶持三十多年的夫妻，瞬间失去另外一半，可想而知贾妈妈的伤痛。

传授技术，与家人好友分享

随着丈夫过世，亲情是支撑她的最大力量，原本不打算开分店、不将技术传授他人的贾妈妈，在她的大哥退休之后，心想好东西应该跟更多人分享，于是将技术传授给大哥和大哥的好友。这一张千层葱花大饼，带来顾客满足的表情跟亲人们卖饼的成就感，也让贾妈妈的笑容回来了。做饼对她而言，让一家人凝聚向心力，系念着友情跟亲情，也系念她对亡夫的想念。

美味导航

店名：贾家哈尔滨大饼

店址：台北市信义区松山路 268 号（永春市场）

电话：02-2764-0319

营业时间：10:00—13:30/15:00—19:30（周一休息）

南台香蕉冰

温润又清凉的香蕉冰品，旗山人回忆

八十年香蕉冰，成旗山地标

热到快溶解的夏天，有一种温度是甜蜜的救赎。香蕉圣代、香蕉船，其中的招牌就是以香蕉清冰为基底，变化出的各种香蕉冰系列。这是高雄市旗山区最有名的冰店，第一代的冰王郑城从一台脚踏车卖枝仔冰开始起家，历经八十年，目前传到第三代，已经变成南台湾美食地图上不能漏掉的美妙滋味。绵密的口感加上飘散着浓郁的香蕉香气，很多人几十年来都是这里的忠实顾客。不过其实大家熟悉的香蕉冰和香蕉没有太大关系，而是用香蕉油做的。

香蕉冰无香蕉，决心改良冰品

第三代冰王郑宇程对香蕉冰有特别的感情，但他觉得香蕉冰没有香蕉成分在里头，总是少了点什么。几年前从台北返乡后，投入冰品的开发生产，他要做有真正香蕉的香蕉冰品。新鲜香蕉倒入香纯牛奶一起打碎搅拌，再倒入机器里，再经过急速冷冻就大功告成。生产过程看似简单，但郑宇程可是下了很大的功夫，才克服其中的困难。白泡泡、幼绵绵的香蕉冰淇淋，口感香气比食用香料做出来的更胜一筹；真材实料的香蕉雪糕更热销，连便利商店都找上门来谈合作。郑宇程本来在台北从事餐饮做得有声有色，因为不忍心年迈父母每天操劳，所以返乡接棒。郑宇程利用旗山盛产的香蕉做成冰品，除了美味考虑还有在地的情感在其中。

一口蕉与冰，尝在地关怀

旗山因为水清土好气候佳，日据时代就开始制糖种甘蔗，光复后，旗山更逐渐变身为台湾的香蕉王国，外销日本。不过好景不长，日本市场被便宜的菲律宾香蕉抢食后，旗山每年几乎都会出现香蕉滞销的状况。郑宇程的香蕉冰，不只创造了商机，还帮助旗山地区脱离了香蕉年年滞销的困境。产销班的张班长，刚刚采收催熟的香蕉，香甜味美，但隐约掺杂着心酸苦涩，现在除了卖香蕉，也接待怀念台湾味的日本团到香蕉园参观。

小时候爱吃冰是解馋是欢喜，长大后吃冰，郑宇程每一口都融着对故乡的关怀和自我期许，自诩为本土的Haagen Dazs，因为是用心地在做，就像张班长的香蕉园一样，很用心地栽培香蕉。老东西藏新创意，透心凉但有热情，才能让小冰立大功。

美味导航

店名：旗山枝仔冰城

店址：高雄县旗山镇中山路 109 号

电话：07-661-2066

营业时间：平日 09:00—22:30/ 假日 09:00—23:00

网址：www.kaps.com.tw

粉圆甜在心

将人生滋味，化为甜蜜包裹在粉圆中

用心对待，把粉圆当小孩

经过一个上午的熬煮，包着红豆的粉圆，一个个急着冒出头，砂糖的浓郁香气，让空气中充满甜蜜。这满锅里全都是魏姐的心血结晶，谈粉圆，就好像是在谈自己的小孩，要煮多久又要焖多久，都有一定时间，这会儿粉圆起锅了，还要帮它做SPA，热水烫完还要用冷水强力冲洗，这道手续叫作帮粉圆按摩，这样做出来的粉圆才会更加Q弹有劲。

创新粉圆包红豆，一跃成为伴手礼

四十五岁的魏姐做粉圆已经二十年。粉圆的最大特色，就是包裹着大颗大颗的红豆，她笑说这么多口味中，只有红豆不易破，色泽又好，因此成了粉圆内馅的最佳女主角。有了女主角，还要有好的配角，这一球球雪沙，有百香果、草莓和李咸口味。雪沙的口感介于冰激凌和冰沙间，和包心粉圆一起吃，让吃冰有了新体验。越Q的东西遇到冷它会变得越硬，所以才把粉圆和冰分开盛装，要吃的时候才加在一起，冷热交接的口感是最棒的，粉圆迅速冷却Q弹口感就出来了。

夫妻同创业，夫夜不归走上离婚路

但要说这粉圆的由来，可是有段辛酸史。二十年前魏姐和先生在台北开的是快餐店，但魏姐很喜欢吃附近一个摊档的粉圆，才兴起回罗东卖粉圆的想法。但是因为批不到好吃的粉圆，才自行研发，凡是想到的馅料，魏姐都尝试过包进粉圆里，没日没夜地研发，先生却是没能同心，而是整夜往外跑。回首过去，魏姐总是一个人要带小孩又要做粉圆。

离婚无预警封厂，十天内重新上路

婚后第一年，魏姐就已经感受到婚姻的裂痕，和先生越吵越凶，每天以泪洗面，于是她寄情于工作，但二十年过去，婚姻却没有改善，还是走上签字离婚这条路；不过前夫却将她的粉圆工厂无预警封厂，也从同心到离心了。那段日子真的很难走出来，但多亏亲友相助，只花了十天时间，她就把厂房给建立起来，并正常供货。现在上门的顾客，有人是冲着她的创意粉圆而来，有的是特别来帮她加油打气。一颗粉圆包裹着是魏姐的心血，还有那人生滋味。她说："要多爱自己一点儿，在你最需要帮助的时候，每一个人都会是你的贵人。"

美味导航

店名：宜兰包心粉圆

店址：宜兰县罗东镇公园路 95 号

电话：03-960-6899

营业时间：11:00—24:00

网址：www.weiheart.com

鸡翅包油饭

兄弟同心不怕难，创意料理拼商机

酥脆外皮搭配柔软内馅

烤台上金光闪闪，整排的鸡翅油油亮亮，就像在选美。老板小心翼翼地伺候，就怕奶油酱刷得太用力，会破坏饱满的内馅。夜幕低垂，这时候等着品尝的人潮已经排了一长串。这让客人赞不绝口的夜市美食，就是把油饭包在鸡翅里，经过高温烤过的鸡翅外皮变得金黄酥脆，内馅咬不到骨头，却还能吃到油饭的香。鸡翅包油饭的创意组合，每天都得准备至少三百只才能应付一张张尝鲜的嘴。到了假日总是要卖超过五百只，生意好到其他店家眼红，逼得他们还得关灯疏散人群。

兄弟合作，体验创业艰辛

对于哥哥、弟弟和老婆，完全没有餐饮经验的三人来说，夜市的初体验可以说是大成功，但背后的辛苦，没经历过真的无法体会。原来鸡翅之所以有空间包油饭，就是因为先把骨头去掉，但这步骤根本没人愿意做，因为实在是太费工又伤手。兄弟俩只好合作包办这项苦力，弟弟去掉第一节骨头，再交由哥哥取出第二节的两根骨头。为了保护手指头，防割防刺，还戴上警卫专用、一双就要四千块的铁手套。

一年以前，弟弟原本在开日式杂货店，专卖糖果饼干。哥哥做的是工程业务，两人完全没碰过汤汤水水。但就在哥哥看到电视节目中端出餐厅才有的菜色——鸡翅包油饭，这才触动他想自己当老板的念头，为了坚定意志力，他把工作辞了，但当时他连鸡翅都没买过，更别说去骨，还要煮油饭。

多次试验找到美味方程式

还好哥哥的个性就是喜欢试验，想到当时将油饭装进鸡翅里的方式，他们就觉得好笑："试着用手去塞饭，常会塞得上面鼓鼓的，下面没有饭，烤的时候很容易爆掉。"不断尝试后终于找到解决方法，而且每只形状饱满、不再爆浆，规格化到就像是机器所生产，等到一切程序都搞定，他也才敢请弟弟辞去工作，一起来圆梦。

最后为了型塑出最佳的曲线和脆感，光是裹粉就综合了六种粉料，而且坚持用烤来取代油炸，没想到口感竟然也能相当酥脆。想到可能会有肠胃不好的人，所以还开发出鲔鱼洋葱口味，各有死忠粉丝。他们的梦想就在一次次试验中慢慢到位，兜起的美味拼图，在夜市里显得特别亮眼。

美味导航

店名：G 米翅鸡翅包饭

店址：台北市松山区饶河街 63 号对面

电话：0935-192-132

营业时间：17:30—售完为止（周二休息）

蛋卷臭豆腐

臭名远播，却又融合浓浓蛋香

二十年老店，从路边摊卖到店面

一家在台北，臭名远播二十年的臭豆腐老店，从路边摊卖到开起店面。其实老板娘原本是家庭主妇，小孩长大之后生活顿失重心，一开始整天打麻将打发时间，日子过得相当空虚，后来她决定摆摊卖臭豆腐，做一点儿小生意，结果靠着这个独创的蛋卷臭豆腐，开创了属于她自己的一番事业。

蛋卷臭豆腐，大小朋友赞不绝口

所谓的蛋卷臭豆腐，就是把臭豆腐做得像是蛋饼一样，吃得到浓浓蛋香，这独特的口感逐渐打响名号，现在成为游人到北投必吃的人气美食。老板娘卢琼笑脸迎人，热情地问候顾客。做生意快二十年了，很多顾客她从小看到大。卢琼笑说，她最喜欢跟顾客之间互动寒暄的人情味。常常忙到连晚餐都没空吃，但卢琼依旧乐在其中，因为看到顾客脸上满足的笑容，是她最大的感动。

这家的特制蛋卷臭豆腐是将臭豆腐跟蛋用搅拌机搅拌后，均匀铺在腐皮上，用经验包蛋卷臭豆腐，其中臭豆腐的分量，全靠老板娘一个人拿捏，不能多也不能少。蛋卷臭豆腐口感外酥内嫩，很多人乍看之下以为送上桌的是早餐店的蛋饼，还被知名的美食节目称作是终极版臭豆腐。除了造型令人惊喜的蛋卷臭豆腐是店内招牌外，这里令老饕惊艳的还有清蒸臭豆腐跟麻辣臭豆腐，不同于外面的汤汁有时候咸到让人喝不下去，这里的汤单喝也温顺，还带点清香。汤汁还加进各种菇类增加口感跟健康，汤底用西红柿跟破布子蒸煮提升层次，除了臭豆腐之外，老板不吝啬，还加进大肠和超大块的鸭血。

臭豆腐妈妈，开创事业第二春

在北投卖了快二十年的臭豆腐，喜欢小孩的卢琼其实刚开始是名家庭主妇，在家相夫教子，但孩子逐渐大了，上学后，卢琼顿失生活重心，整天无所事事。不想过着好像在等死的生活，卢琼决定尽管跟社会脱节很久，她也要重新找点事做。正巧先生张中正的同学在卖豆腐，因缘际会，她便做起小本生意。用实力等待机会，机会来了，卢琼真的没放过。

意外摆起路边摊，靠着创意和真材实料，一路从摊贩卖到有店面，也为自己开创事业第二春。现在当公务员的先生退休后，也在店里头帮忙，夫妻俩相互扶持，她证明了想改变人生，随时都可以开始。

美味导航

店名：臭妈妈臭豆腐

店址：台北市北投区东华街一段 526 号

电话：02-2821-5529

营业时间：15:00—23:00

豪华什锦面

包山包海，好料通吃的超丰富什锦面

厨房像战场，费时精心制作

什么面要等这么久？就是这一碗吃得到七种山珍海味的豪华什锦面。每天早上开工厨房都像战场一样，瘦小的廖丽珠在小小的走道里钻来钻去，没停下来过。这么忙！丽珠阿姨说其实是自找的，因为她煮一碗面，比别人多了好几个步骤。

简单的爆香，廖丽珠却拿着铲子，不停翻啊搅啊，她说爆香没爆好，汤头的味道就不对了。提到汤头，除了老母鸡、大骨头，还有鹅和猪脚，放些蔬菜后每天熬煮，才是丽珠阿姨坚持的招牌汤头。等配料已经把碗填满，主角才终于登场，丽珠阿姨抓起大把大把的油面往锅里放，她说大锅面虽然香味四溢，但是火候一定要掌控好，才能煮出好味道。

卖了五十年的什锦面，接下母亲重担

每一个环节，廖丽珠都完全按照妈妈的做法，这一碗什锦面卖了五十年，正统的古早味依然没跑掉，就是因为完全没动过妈妈的配方，就连猪油到现在还是天天自己炸。丽珠阿姨说，如果使用色拉油古早味就出不来了。炸猪油炸到双手都是伤，丽珠阿姨已经练到被油喷到都没感觉了。但其实廖丽珠当年也没想过要接妈妈的面摊，她说小时候家里开五金行，生活其实过得很不错，但后来父亲被朋友欠债，母亲只好出去摆摊卖面帮忙家计，那一

年她七岁，开始跟在妈妈身边帮忙。后来廖妈妈年纪大了，就要丽珠把面摊接下来。那一年廖丽珠刚生完女儿，老公正在经营珠宝店，没想到竟然遭逢意外，珠宝店被小偷洗劫一空，她坐完月子立刻开始卖面，完全遗传了妈妈的任劳任怨。

女承母业，美味不变

在廖家面摊帮忙了两代的老阿嬷说，丽珠比妈妈更冲、业绩更好，廖妈妈若天上有知肯定很骄傲。传承了妈妈的好手艺，三十多年来，廖丽珠每一天都用心煮面，她说这样她才对得起妈妈的教导，只是对不起客人要等这么久。会需要这么久，其实是因为丽珠阿姨只能一个人煮，每一碗都用心不马虎，才煮得出客人喜欢的味道。等面的时间虽然久，但这些年来，顾客们依旧甘愿领着号码牌痴痴地等，因为这碗好吃到让人想流眼泪、有妈妈味道的什锦面，煮面的辛苦，客人们真的懂。

美味导航

店名：丽珠什锦面

店址：台北市万华区兴宁街 48 号

电话：02-2308-65309/02-2306-34419

营业时间：11:00—22:30（每周一休息）

兰阳小笼包

不输台北名店的三星葱小笼包

宜兰小笼包，无影手现做

天气阴雨绵绵，空气中隐约有蒸腾的氤氲，刚开门没多久，店里客人陆续报到，老板娘吴雪芳一边招呼生意，一边忙着现做小笼包，一秒钟都不耽搁，就怕手脚不够快让客人等太久。包一颗小笼包只要三秒，吴雪芳的无影手，几乎比我们的眼睛还要快。强调现做现卖，小笼包捏完，继续揉面、擀皮。高筋面粉经过半小时以上的按摩，才有Q弹不破的薄皮；中间的底要留厚一点儿，在包的时候，底部才不会破掉。包好的小笼包，送进蒸笼做蒸汽浴，几分钟后就熟。鲜嫩多汁的人气美味，一口咬下，鲜美滋味在嘴里爆浆，还得当心烫嘴。

飘香传口碑，媲美鼎泰丰

路边小小的店面招牌并不显眼，却不输台北名店小笼包。小店生意好到要领号码牌，老板李旭宜说，他的小笼包从不先包起来等客人，美食得用时间换取，更要料好价格实在才够名副其实。猪肉的处理过程，老板基于独门机密不说，只能看到处理过后的猪绞肉上流理台后，先做马杀鸡按摩，然后撒上大把葱花，变身成为小笼汤包的美味内馅。

葱花入内馅，减腻添香气

当葱花遇上后腿肉，你中有我，我中有你，这是小笼包很少见

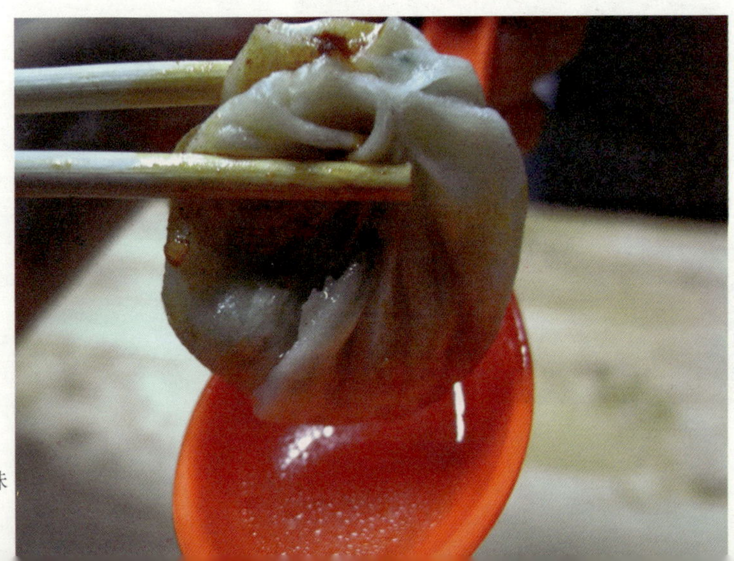

到的配绝组合，吴雪芳和李旭宜，就是靠着这一味，成为小笼包界的乡野传奇。新鲜宜兰葱，带着些微的呛鼻辛味，李旭宜戴上蛙镜用机器切开，还坚持每根葱长度粗细要适中，切出来的葱花大小才会一致，才有稳定的质量。店里用的葱每天从产地直送。原本刚刚是生的肉、生的葱，瞬间蒸熟最好吃。肉汁跟葱结合在一起，用新鲜食材，把北方面食，揉捏成在地口碑，透过网络传香。

肯做不畏难，终能成专业

小店早已变成宜兰美食地图上的小小风景。吴雪芳说当初纯粹因为家里开销不够才去拜师学艺，想开间小吃店赚钱过生活，现在生意火爆，但是开店头几年可没有现在的好光景，也曾经抓蚊子等客人。二十年来就这样一折一折，养活了一家大小。她说任何事情只要肯做、肯吃苦，最后都会成为专业，就像她的小笼包一样。一个褶一个褶慢慢包、一笼一笼排队买，继续守着宜兰一角，替故乡吸引闻香人潮。

美味导航

店名：正好鲜肉小笼包

店址：宜兰县宜兰市泰山路 25-1 号

电话：03-932-5641

营业时间：08:00—12:30/15:00—19:00（周一休息）

艋舺阿婆甜汤

甜汤香甜暖热，入口难忘怀

反复熬煮，爱心与耐心的甜汤

看着红豆汤浓醇吸引人的色泽，还不断冒出泡泡，谁能抗拒热乎乎的甜汤？老板柯得隆选用屏东万丹外销日本的红豆，大颗又饱满，老板说用这种红豆煮起来才好吃。一大早他就起床准备材料，加水搓洗红豆，用力用心洗两次再过筛沥水，不用机器，纯手工。和其他店家不同，这里的红豆洗好后直接下锅煮，完全不先泡水，煮到让客人夸奖称赞的诀窍，老板也难得大公开。原来煮红豆前先在滚水里加一点儿盐巴，再加进红豆，老板说如此一来有反衬作用，红豆汤才能不死甜又美味。接着慢慢熬煮，一边煮红豆，一边得反复加冷水，如此一来利用热胀冷缩的原理，豆子会慢慢膨胀，膨胀到一倍半、两倍的大小，原来红豆还得要洗个三温暖，豆子才熟得快。红豆得如此熬煮一个小时，坚持加特级砂糖，红豆汤更显香甜，难怪深得顾客喜爱。除此之外，老板还得眼观六路耳听八方，因为不只这锅红豆汤要顾，旁边还有更费工的花生汤。

花生、红豆桂圆汤，坚持用心实在

从早上七点就开始熬煮，长达八个小时，才能煮到软烂，花生汤才会纯浓香兼具。老板用的是宜兰花生，老板说这样才能煮得烂、煮出花生的乳汁，假如用大花生煮出来只是卖相好，有时候颗粒大煮不烂，一些商人还会动歪脑筋，加了东西，原本的光泽就会消失。

一旁老板娘曾贵珠包汤圆的手也没停过，她说有时还要包到凌晨三四点，包到手都发炎，还得去做理疗。老板娘经常久坐，而老板久站煮甜汤，身体也有病痛。其实柯得隆过去在银行工作，不舍得母亲卖甜汤卖到膝盖退化，他最后选择优退，回家接手。这里也有别家吃不到的红豆桂圆粥，加了本身具有延展性的长糯米，火候控制得好，糖也加得恰到好处，颜色更漂亮。

将对土地与下一代的爱，酝酿成甜汤

老板说希望将这些传统的美食传给下一代，让下一代的下一代还能够吃得到，这是他最大的心愿，也算是自己对老家这块土地的回馈。柯得隆一边卖甜汤，一边照顾年迈双亲，儿子跟小叔的孩子也回来帮忙了。这摊三代同堂的甜汤店，温馨喜乐，温暖的甜汤里蕴含着柯家人的孝道。

美味导航

店名：阿猜嬷甜汤

店址：台北市万华区华西街 3 号

电话：02-2361-8697

营业时间：15:00—22:00（周一休息）

古早大肠煎

糯米肠与香蒜油膏的完美共舞

肠香米糯用料实在，台味小吃夯

热腾腾的蒸汽带出香喷喷的糯米大肠香，到了中午客人满座，全都是冲着大肠煎而来，浓郁的大肠香混合糯米的Q劲，再淋上特制的香蒜油膏，现在能在台北市的店面里吃到手工做的古早味已经是少之又少，而六十岁的老板林松宾做大肠煎已经有三十五年，最早他还只是个在林森北路太阳城一带的小摊贩，午夜才点灯做生意，当时吸引的全都是刚表演完的艺人。

古早味传承自母亲，灌大肠烹出美味

任凭时空转变，大肠煎的做法和味道依旧不取巧，林松宾坚持使用温体黑猪的大肠，每天光是大肠内外翻洗就要耗费一个小时以上。用的米也是大有学问，要新旧米掺杂，因为新米具有嚼劲，搭配旧米的Q软刚好相得益彰。老板林松宾是彰化人，南部的传统做法都喜欢在糯米里加花生，所以大肠煎也不例外，煮到软烂的宜兰花生粒粒饱满。调味也相当简单，只有油葱和胡椒粉，而米和大肠都有自然甜度，所以不用再加味精和糖，老板说这些手艺全都是传承自母亲，直到母亲肯定才越做越有信心。每天现煮现卖的大肠煎，就像是体力大考验，动作既要快还要利落，诀窍就只在于熟能生巧。

手工制作，小摊贩做到黄金店面

老板也曾经想过用机器来做，只是大肠有粗有细，长短又不

同，所以一直到现在都还是纯手工，但也因此创造了美味，逆转了乡下小孩林松宾的际遇。他说做每件事都要有心，有心就都会成功，吃苦耐劳又勤奋学习可说是他的人生写照。年过五十想通过参选里长铺退休路，因此又重返校园学习；五十八岁时取得餐饮管理科文凭，念了书开了眼界。原本保守的阿宾一度一年开起三家分店，积极作为不仅吓了孩子们一跳，还吸引了市长和书记亲临品尝。

学到老取得餐饮文凭，卖水果拼健康

即使已经六十四岁，他每天依旧为了挑选水果而奔波，因为他四十年前北上打拼就是从卖水果开始。如今大肠煎有了知名度，这几年又整装出发，拿出挑选水果的看家本领卖起水果和果汁。虽然小孩反对他年纪大还要开水果行，不过林松宾说吃苦把它当作吃补，天天保持体力劳动才会远离老人痴呆，这份坚持让美味延续不断。

美味导航

店名：宾国大肠煎

店址：台北市长春路 3 巷 1 号

电话：02-2551-8345

营业时间：11:00—21:00 例假日休息

夫妻月亮虾饼

入境随俗的夜市泰式料理

月亮虾饼夜市卖，创新思维带动风潮

黑夜降临，老板娘蔡寒琳的白天才正要开始。十九岁时她就跟着抢滩进宁夏夜市，自创有着夜市价格、餐厅质量的月亮虾饼。热乎乎起锅，再蘸上特别调制酸味大于甜味的泰式酱料，凡吃过的顾客都是意犹未尽，而做夜市生意能吸引客人停下脚步的秘诀就是现点现做。她的老公黄轩堂就负责后场敲敲打打，客人点他才做，每张饼皮放进扎扎实实的三球虾浆，再覆盖上饼皮后一阵拍打，因为生意太好，这样的动作每晚得反复上千次。

回想当初他们两人为了证明脱离长辈的羽翼也能生存，跑去山上开焗烤马铃薯和饮料摊，但都惨败收场，刚好亲戚在做泰式料理中央厨房，他们灵机一动想将餐厅美食搬进人群中，于是便开启了这个夜市创举。

现点现炸，每晚热卖逾三百张

夫妻俩有自信自己做出的虾饼更好吃，所以没跟饭店拿半成品，而是研发夫妻牌口味。虾泥加虾丁的双组合使得每天的虾仁用量就超过五十斤，尽管成本高、手续烦琐，但为了美感和口感夫妻俩不惜豁出去。虽然刚开始营业时生意十分惨淡，但夫妻俩想出各种推销、试吃的方法，不放弃硬撑，美味才终于被传开，因此生意越来越好。蔡寒琳做生意懂得察言观色，嘴巴甜也落落大方，而这些全遗传自也在斜对面摆摊的母亲。

牛妈妈摊全年无休，坚持越夜越美丽

三十三年前蔡妈妈还是位屏东小姑娘，北上嫁给了在宁夏夜市卖牛肉料理的蔡爸爸，和老公一起接手家族牛肉摊，结果发展出夜市第一家全牛料理，她也因此被封为牛妈妈。看到牛妈就联想到台湾牛的勤奋精神，因为一年三百六十五天她一天都不休息。她的一句名言就是：宁愿做到死，也不愿让人看不起。

夜市讨生活，美丽母女档成佳话

牛妈对外貌非常在意，她认为这是对客人和自己的尊重，生了四位女儿也都要求她们端庄见人，结果四位千金都被封为夜市的正妹。现在女儿蔡寒琳的早熟懂事全来自认真打拼的母亲，宁夏夜市两百多个摊位，没有真功夫很快就会被淘汰。小摊经营七年以为很长，却只是妈妈的一小步，蔡寒琳的夜市人生，挑战才正要开始。

美味导航

店名：金椰子月亮虾饼

店址：宁夏夜市 39 摊号

电话：0988-305-773

营业时间：17:30—12:30（月休两天不固定）

炭烤三明治

炭烤焦香，五十年只卖这味

巷弄里的三明治，五十年来如一日

阿嬷的三明治一口咬下，冒出热腾腾香气，空气中瞬间弥漫着猪油蛋香还有炭烤味，这种多重感受总让顾客一口接着一口吃，很难停下来，五十年来阿嬷就只卖这一味：炭烤三明治。下锅的蛋趁最鲜嫩的时候，将它分半对切夹进吐司里；接着重头戏登场，阿嬷将吐司夹蛋放在铁网上烤，炭火烧得猛烈，阿嬷的双手却还是贴近火炉，就像是双铁砂掌。她说用炭火烤的面包才有弹性，又脆又香，而经过至少五次以上不停地翻转，慢慢地烤出纹路，阿嬷牌的炭烤吐司这才大功告成。炭烤吐司的美味吸引大批背包客钻进巷弄里寻香，阿嬷专注烹调的画面也因此被疯狂捕捉。而剖析三明治美味的秘诀，阿嬷坚持煎蛋就是要用猪油，吐司抹的不是廉价的美乃滋而是奶油，当猪油蛋和奶油香融在一块儿时，美味无敌。不过使用炭火更是灵魂所在，木炭的火有大有小，所以蛋煎起来有的干，有的刚好，有的还没熟，吃起来就有三种口感。

自制米浆好味道，做工繁复准备交棒

阿嬷坚持吃进肚里的既要美味还要健康，所以凌晨四点就起来忙碌，为的是制作豆浆和米浆。米浆香醇浓郁，是阿嬷极力推荐的好饮料，为了这一口天然滋味，阿公都会载着阿嬷去附近百

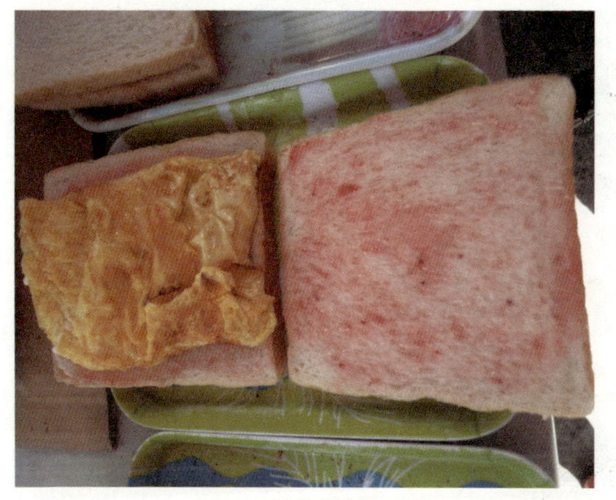

年五谷店挑花生。将花生慢炒一小时后变成焦黄色泽，这时候香气扑鼻，要赶紧封存起来，否则香气很快会流失。用时间淬炼出的米浆，装在已经用了三十年的老牌瓷碗里，阿嬷每天都喝，她说自己的皮肤到现在还是嫩滑就是因为喝纯天然米浆和豆浆。不过五十年来坚守着炭烤味，阿嬷说她也累了，慢慢地要交棒给女儿高咏珍。

手工百年香店，制香人传承工艺

古锥的阿嬷忙着交棒，阿公也在历史轴上扮演着重要角色，他是百年香店的后代。进到香房，满室的檀香味扑鼻而来，制香四十年的老师傅吴博男正忙着应付新春档期，他说制香业没人接棒，接了棒也养不了家，逐渐没落的制香行业让吴博男乐于被报道，因为也许十年后这些珍贵的手作工艺都得从影片中寻找，但其实花不花钱买香是其次，老人家还是希望大家多多进庙里走动，至少这里是个心灵寄托处，他和阿嬷对事物的认真执着，令人敬佩。

美味导航

店名：武庙炭烤三明治

店址：台南市永福路二段227巷3号

电话：06-2216-658

营业时间：06:00—9:30（周一、周二休息）

府城花生糖

酝酿六十年的怀旧甜蜜

手碾花生糖加香菜，老手艺飘香百年

武庙旁被人潮包围的小小推车，每个人都投以好奇的眼光，因为土豆伯做糖就像是一场工艺秀。六十年来被炭火熏黑的手指就像个铁砂掌，等到麦芽糖温热变软后，赶紧又要放进手动的滚筒机里碾成糖片，一压再压的花生砖碾轧过后只有一毫米的薄度，削掉不整齐的外缘后放上香菜，切块现吃，因为微温加上香菜独特的微呛感和花生糖的香甜，大大降低黏腻感，让客人一块接一块，吃到浑然忘我的境界。土豆伯从十三岁就跟着父亲做花生糖，六十年来遵循古法，儿子阿福半年前正式接手，但土豆伯担心他砸了招牌，还是跟前跟后、随时紧盯。

土豆伯好手劲，糖砖坚持手工制

在做糖砖前花生要一挑再挑，否则焦掉的花生不仅卖相差还会影响口感。接下来就要煮糖，老字号卖的麦芽糖坚持圆糯米古法制作，所以越煮色泽越透亮，不过却是耐力大考验，因为麦芽糖越煮越黏稠，变得更加沉重，加上高温逼得父子俩得一再反复换手操作，至于什么时候才能起锅，全凭土豆伯的快速品糖功力，手一摸就可以决定。而接下来的工作更加费力，要把花生和麦芽糖搅拌均匀，务必让每颗花生都能被糖包裹住，只是搅拌需要费更大力气，土豆伯年纪大，手劲实在让人佩服。

儿子不愿接班，宿命遭资遣主动回家

阿福从小就看阿公和父亲做糖，因为有被严重烫伤的经历，所以非常不喜欢这份工作。阿福当完兵用尽心思外出工作，不想命运继续操控在别人手上。后来自愿回家学习，从煮糖到碾轧再到切糖，都是纯手工，没靠爸爸，阿福自己摸索切功，一刀划下如果干干净净没有粉末，就可以确定这盘花生糖软硬度刚好，也因为不偷工减料，所以做出来的花生砖块都是满布花生，往往只有一点儿隙缝。

穿梭大街小巷，联手传承家乡滋味

穿过大马路、走进小巷弄，过去是挑扁担，现在推车重量变轻，加上好几年躲警察经验，所以土豆伯现在推起车来步伐还是相当稳健。过去大半岁月都在和警察玩捉迷藏，后来终于在武庙前有了固定摊位，与其说它是传统小吃，倒不如说它已经是小镇风情中不可缺少的景致。

美味导航

店名：府城花生糖

店址：台南市中西区永福路二段 200 号

电话：0918-221-983/0983-669-627

营业时间：09:00—17:00（周一、周二休息）

夜市烤玉米

十年苦修，炼土玉米成金

烤玉米四酱齐发，独门沙茶是成功关键

台中逢甲夜市里，顾客靠在烤台边探头探脑，耐着性子等待的就是一根根现烤的玉米。这是逢甲夜市人气最旺的烤玉米，七种口味任你挑选，吃软吃硬随你喜欢，但烤根玉米会有多难呢？老板胡炳年原本也是这么想，做下去才知道烤功竟然这么繁复，玉米放进七百摄氏度的烧烤架，从这刻起绝对不能分心，因为温度高，曾经跟客人多讲两句话就烧焦，而一边烤一边刷酱料，第一层刷上特制酱油膏，刷完放回去烤；第二层刷甜辣酱，刷完继续再烤；第三层就要上油爆香了；最后一层酱料则是胡老板用三十种成分熬煮出来的销魂沙茶酱，这款杀手级的沙茶酱是胡炳年打坏了十台果汁机才研发出来的成果，光研究沙茶就花了几十万，制作过程的辛苦实在是言语无法形容的。

退伍生意失败，夜市烤玉米烤出生机

胡老板从海军退伍之后做的生意都失败了，赔光了退伍金，一次回宜兰老家，看到舅舅卖烤玉米他也跟着学。白天上班，晚上到夜市烤玉米，一天只睡几个小时，两年拼下来烤出了好成绩，让胡炳年决定转做全职的玉米达人，陆续也有许多朋友跟着加盟。但近几年全球玉米产量大减、价格飙涨，加盟业者纷纷收摊，胡老板自己也萌生退意，但是加盟超过十年的邱献辉不死心，坚持拼下去。

寻遍玉米产地，坚持古早乡土味

邱献辉的拼劲感动了胡炳年，他带着邱献辉到处找玉米产地，最后远部山区种植的土玉米就被胡炳年给找到了。人家都找到门口了，原本想退休的农夫柯瑞阳只好继续种植别人不敢种的土玉米，每天凌晨三点多就要到田里收割玉米，差不多七八点就准备送出去，还好有了稳定的玉米田，总算免于断粮危机。

第二代接棒，家传美味夜市飘香

老板胡炳年的儿子胡智凯本来的志愿是当个考古学家，但大学毕业后被叫回家中接下烤玉米的棒子，一年的时间已经很有店长的架势，他自己也乐在其中。胡炳年开心地说事业要交给年轻的一代，看到店门口络绎不绝的人潮，他偷偷盘算着自己应该很快就可以过上轻松的退休生活了。

美味导航

店名：大炳叔叔烤玉米

店址：台中市西屯区福星路616号

电话：04-2451-2955

营业时间：15:00—00:00（除夕休息）

官网：http://www.uncle-being.com.tw

碗粿大王

代代传承的碗粿世家

新米混旧米，口感超赞

碗粿王子黄建铭的每一天都是从洗米开始，米洗干净后还要浸泡三小时，让米粒吸水饱满，就可以进磨米机磨成米浆，磨米浆的同时还得一边检查米浆的颗粒大小以免影响口感。厨房另一头的黄妈妈也没闲着，专心地炒着香气四溢的红葱头肉臊，旁边的卤肉锅里，胛心肉在酱油和中药香料包里浸泡了四个小时，这就是碗粿飘香超过三十年的另一个秘诀。黄妈妈说碗粿要做得好吃没有大学问，只有“经验”两个字。

打浆最关键，比例是经验

米浆磨好之后，接着进行最重要的步骤：打浆。所谓打浆就是把沸腾的热水加入米浆当中，利用温度让米浆烫熟并稀释成为最适合蒸煮凝结的浓度。已经退休的第二代碗粿达人黄爸爸阿树师说，打浆的程序是碗粿成败最重要的关键，光是打浆阿树师当初就学了好几年才出师，现在儿子接棒还是战战兢兢，偶尔做失败就只能拿去当猪饲料。

第二代转型，供批发生意

从小看到父亲做碗粿很辛苦，阿树师小学毕业就外出当学徒，不想跟父亲一样过碗粿人生，不过后来哥哥带着父亲传承的手艺

到高雄做碗粿批发，阿树师不忍心父亲一个人继续辛苦，于是回家帮忙，转型做工厂，专攻大台南的碗粿市场，成为麻豆第一家，也是最大的碗粿批发商。

夏热冬天冷，第三代无惧

黄建铭因为是家中长男，孝顺的他退伍后就回家准备接第三棒，火候拿捏还得依照新旧米的不同比例每天做微调，他说碗粿好不好吃，有个内行人才会看的观察指标，就是所谓的阿婆炊粿。其实阿婆炊粿指的是好吃的碗粿具有弹性，熟后中间会有微微凹陷，如果打浆打得太硬没口感，就没办法出现这样的美味曲线；但如果下陷得太夸张，就代表这是米浆太稀、不够熟成的豆腐渣工程。

营销多条路，赚钱找出路

能够在麻豆众多的碗粿店家中脱颖而出，黄家父子确实有两把刷子。当初父亲接棒时，从小摊子改做批发，扩大销售数字，打响自家碗粿招牌；现在黄建铭这一棒除了批发生意之外，他积极跑食品展做网络营销，也想走出自己的路，小小的碗粿没有大学问，坚守质量不断地寻找出路，好滋味就能继续传出去。

美味导航

店名：阿树碗粿

店址：台南市麻豆区小埤里苓仔林 1-10 号（麻豆交流道北上转角）

电话：06-5711-898

营业时间：09:00—17:00（全年无休售完为止）

网址：www. 我爱碗粿 .tw

正宗阿给老店

坚守本位延续美味的创始阿给

真理街老店，生意超火爆

中午用餐时刻，老板娘杨惠珠一边招呼客人，一边忙着打包外带。老淡水人都知道，要吃阿给，隐身在小山坡上的这家三十年始祖店，最原味也最够味。在地的淡江大学学生也是识途老马，更有国外观光客按图索骥，专程来这里朝圣。让人念念不忘的老招牌，能够屹立三十年，靠的却是新鲜味，每天凌晨四点，店里的阿姨们就开始为了满足客人而忙碌，阿给得当天现做现卖，先做起来过夜都不行。

食材有细节，组合成美味

把冬粉塞进四角豆腐里，分量饱足，然后用鱼浆把缺口封起来。做法看起来简单，不过每一样材料都是经验累积。弹牙有Q劲的冬粉，在成为豆腐内馅前要先经过冷水浸泡，再拌上香喷喷的肉臊酱汁，既上色又入味；另外特别定制的半手工豆腐，超级“厚脸皮”，面子里子兼顾，多了豆香和口感；而加入红萝卜的鲨鱼浆，更得当天用早上从鱼市场采买的鱼浆，这样才够新鲜、黏性，黏性要

够才能把封口封起来。

杨妈妈巧手，阿给成特产

学过日本料理的杨妈妈，有一次看到有个阿伯卖的三角豆腐里面塞东西，然后上面涂鱼浆，觉得这东西还蛮不错，决定自己做。但是三角豆腐太小了，就用比较大的四方豆腐来做，误打误撞就做出阿给。从日本炸豆腐“阿不拉给”得到灵感的冬粉豆腐，就这样成了真理街上的学生们和在地人喜爱的早午餐以及小吃点心，日本料理和台湾食材，融合创造出淡水的特色食物，换了台湾名成了阿给。捷运通车后，阿给自此成为淡水的代名词，杨惠珠说：“本来从我爸爸妈妈手上出来的东西，现在变成是淡水的名产，那个意义绝对是不同的，他们在地下有知，也会觉得很欣慰、光荣。”

守住父母传承味，不为赚钱失品质

顶着老招牌，店门前假日永远大排长龙，除了口味，用报纸包裹的保温方式，也一样没变，充满了在地记忆。问杨惠珠为什么不到人潮聚集的老街找间店面做得更大更多，她说人力有限，目前目标是把质量顾好，然后不要让客人流失，不要让质量变差让口味不一样。守住父母的传承味，不为了快速赚钱做任何牺牲，为了再传三十年，杨惠珠坚持留住原味，每一碗阿给，都要认真用心地给。

美味导航

店名：老牌阿给

店址：新北市淡水区真理街 6 之 1 号

电话：02-2621-1785

营业时间：05:00—15:00（每个月第一个周一休息）

阿姿烧酒螺

全台最大的烧酒螺专卖店

二十年经验为佐料，炒出一锅烧酒螺

烧酒螺热锅一字排开，台中梧栖渔港的这摊，应该是全台湾最大的烧酒螺专门店。看似简单的烧酒螺，要新鲜入味其实没那么容易，老板娘杨婉姿炒了二十年，累积的经验就是最厉害的佐料。

新鲜烧酒螺，辣度随你选

天然辛香料，加上酱油膏、黑醋、冰糖，就是烧酒螺的构成元素。此外还有最后一样辣椒，店里的烧酒螺依照辣度分三级，所有作料下锅，大火热炒之后，汤汁得要沸腾三次，才能保证安全卫生。刚炒好的烧酒螺，一上前台立刻吸引住老饕的舌尖味蕾。

为圆儿时梦想，下海自己做烧酒螺

烧酒螺是盐水湿地常见的螺类，过去是沿海渔民常见的下酒菜和零嘴，也是杨婉姿儿时记忆的味道。小时候邻居去捕鱼时，都会顺便捡一些烧酒螺。但爸爸总是担心她吃太多会拉肚子。现在为了一圆自己的梦，就自己下海做这个工作。

扛下债务初期苦，母亲传授好手艺

杨婉姿小时候因父亲替人作保，受到连累而负债千万，爸爸过世后，身为老大得扛下债务。想做生意没有资本，也没有其他

技能，杨婉姿想到梧栖渔港每到假日就挤满了人潮，于是弄了一个摊子卖烧酒螺。当初卖的时候只有一小盘而已，很多的消费者觉得烧酒螺的观感不是很好，刚起步的时候，常常都卖不完还要拿去丢掉。不过凭着妈妈传授的好手艺，杨婉姿的生意越来越好，烧酒螺规模从一盘卖到十六盘，才够应付客人需求，还曾经炒螺炒到手受伤。

打破传统观念，定制机器加强杀菌

当初父亲跟一般人一样，认为烧酒螺寄生虫多，反对小孩当零嘴吃，杨婉姿也特地去食品研究所上课学习，还花了几十万定制烧酒螺专用的滚筒洗衣机，烧酒螺洗得白亮亮才能下锅。产品也主动送水产试验所认证过关，参加“商品局”举办的食品评鉴拿下金牌奖，这些都是最好的广告宣传。

就这样，让嘴一吸就停不下来，客人猛吸烧酒螺，杨婉姿也还掉巨额债务，晋身成为烧酒螺女王。杨婉姿说：“秘诀没有其他，除了质量还是质量，只要你用心，小兵也能立大功。”杨婉姿的烧酒螺，有独特的“姿”味在其中。

美味导航

店名：阿姿烧酒螺

店址：台中市清水区北提路 30 号

台中港观光渔市场

电话：04-2656-9475/0923-453-232

营业时间：09:00—19:00

网址：www.kissfood.com

黑金嫩仙草

食材天然，绝无添加剂的嫩黑仙草

三个大男生，打造黑金产业

这一碗黑得发亮的嫩仙草，一天可以卖到一万杯，幕后的高手就是这三个大男生。三男组合很新奇，哥哥唐克伟以前开报社、弟弟唐英伟做导游、死党张仁豪是工研院的工程师，三种八竿子打不着的行业，怎么会凑在一起呢？为了仙草，唐克伟抛家弃子，张仁豪的未婚妻也跑了，沧桑的故事，要从唐英伟带团吃到一碗仙草开始说起。

唐氏兄弟，地狱土法炼仙草

唐英伟有一次带团去关西，吃到当地的仙草，认为这东西蛮不错，想自己来做做看。还说服远在彰化的大哥加入黑金行列。于

是开始了一段在蒸腾的热气中与意志力赛跑的比赛。两人没有任何经验，就靠土法“炼钢”，从一次又一次的倒掉与试吃当中，试图煮出超完美比例，脸上的水珠，已经不知道是汗水还是泪水。创业初期资金烧完了，唐英伟赶紧出门带团赚外快，没钱就去带团，到月底就要开始烦恼下个月的薪水还有租金；而唐克伟的老婆也会偷偷塞几千块给他，还有女儿的写信鼓励。

外行不懂添加物，天然食材赢口碑

经过半年的地狱炼丹，唐家兄弟的小摊终于开张，两个人从早上六点忙到半夜，一个人当好几人用，因为不懂添加其他成分，所有的食料，都是用最天然的，像是地瓜或者芋头配料由于没有加什么添加物，怎么做都无法黏成圆形，索性就压成长条形，纯正口感，反而变成了店里的招牌。

硕士搭档工程师，不顾家人反对转行

一年的惨淡经营，纯天然的嫩仙草，终于培养出了忠实顾客，生意也越来越稳定，兄弟俩商量后决定开展网络营销，他们把死党张仁豪找来。念资管的张仁豪在工研院工作，年薪百万，标准的科技新贵，被唐家兄弟游说后，毅然决然转行，家人和爱人都不理解。满怀创业梦想的张仁豪加入唐家兄弟的阵容，从打杂到建立网络系统通通做，他说自己忙到没时间后悔转行，倒是看到分店一家一家地开，仿佛自己的小孩日益茁壮，很有成就感。

五年的时间，三男仙草品牌已经拓展了二十家分店，最远的一家还展店到新加坡。长时间的相处，从小就在不同环境求学工作的唐家兄弟，不但更了解了彼此，也创造出了黑金奇迹。

美味导航

店名：黑丸嫩仙草

店址：台北市大安区延吉街 248-1 号

电话：（02）2755-0133

营业时间：平日 11:00—22:00；　假日 11:30—22:00

网址：http://www.blackball.url.tw/

田间烤牡蛎

置身田野间的海洋鲜味

澎湖直送烤牡蛎，八个一百鲜甜饱满

刚从澎湖快递来的牡蛎，随着高温一个个掀起盖头来，每每掰开一个，肉质都是又大又肥美，而且价格亲民，外面一盘八个卖到一百八，老板吴振辉只卖一百块。烤牡蛎时饱满的汁液不时还会喷发出来，使得宜兰员山乡这田间的烤牡蛎小摊到处洋溢着海水咸滋味，而送进嘴里的牡蛎不用加调味料，只稍稍透过炭火高温烤到六分熟就成了极品。

烤摊创造田间商机，牡蛎外销转内销

面对田野，老板吴振辉每天都要烤个上百斤牡蛎，当初为了生计在田间开起烤摊，结果宜兰大学学生将吃烤牡蛎的经验分享在网络上，让这一个原本不被看好的生意不仅带动风潮，甚至澎湖七成的牡蛎产量还因此通过吴振辉开始在台湾各地烤了起来。

建筑工人转行烤牡蛎，田间小店带动风潮

号称烤牡蛎达人的吴振辉，最早之前是位建筑工人，尽管工作具有高危险性，但每次濒死经验都让他意志更坚定。二十多年下来他也做到了包商，但建筑业好景不长，最后他和太太只好收山到处打零工赚钱，一直到跑去澎湖找出嫁的女儿，在当地现烤牡蛎来吃，发现了美味，这才扭转四十五岁后的人生。

凤螺海胆火山贝，物美价廉迅速秒杀

因为新鲜又便宜，人潮开始蜂拥而至，也从原本的烤牡蛎渐渐开发出特别的烤物，菜单不按常理出牌，他们常常是喜欢就卖，没赚也卖。像是吃起来有着蟹肉口感的火山贝，还有一串只要三十块的松阪猪肉串和三星葱肉串；另外凤螺、干贝、海胆通通烤，最难烤的秋刀鱼一尾也便宜到只要四十块。在经营烤摊的过程中，举凡什么烤肉惨事夫妻俩通通遇到，还好有耐心仔细观察和研究，才能烤出吸引人群的美味。像是好吃的甜不辣一定要烤到表皮都膨胀起来才涂酱，烤鸡腿排也是如此才会外层微焦但是里面的肉吃起来还是很鲜甜。

爆红引起旁人仿效，坚持不涨价

这样的小小烤牡蛎摊，地点偏僻到连 GPS 也定不到位，却因为物美价廉而爆红，连带宜兰瞬间出现二三十家山寨店，他赶紧和澎湖产地谈妥独卖批发价，现在的赚头比别家店的少很多，但夫妻俩也没有因此涨价，他们要把最初成功的感恩心，回馈在不辞千里来的顾客上。

美味导航

店名：嘉澎炭烤

店址：宜兰县壮围乡美福村新南路 3 段 110 号

电话：0972-249-632/0972-249-638

营业时间：12:00—20:00（每周一休息）（遇假日照常营业）

呼吸韭菜盒

文火干烙北方面点，冷热皆诱人

干烙韭菜盒葱油饼，秦家做饼不马虎

不用油煎的韭菜盒，饼皮胀得圆圆鼓鼓的，用文火干烙出来的饼陆续出炉，这就是山东饼店第三代秦至梅的拿手绝活。饼原本是平躺，起锅前还要叫它们立正站好，好让饼底也出现微焦的金黄色。就连吃法也很秦味，得先卷起来吃才不会光吃到皮而吃不到馅。清爽不油腻，不流汤、不沾手，这是吃韭菜盒给人最深刻的印象。

青葱韭菜现料理，清爽不油腻

秦大姐做饼一丝不苟，像是每天光是清理韭菜就要超过一个小时；另外洗好的葱要制作前才打开切成细状。她说要是前一晚就切好，隔天的口感就很一般了，因此做出来的饼新鲜看得到，不管是韭菜盒还是葱油饼，待在铁盘上像是有生命般，各个都在呼吸。也因为做得慢、产量少，熟门熟路的客人会直接来到窗边和秦大姐边聊天边等着饼出炉。秦大姐说做事的时候是人生最大的快乐，烦恼通通都不见了。

高龄九十二岁，思乡做饼一代传一代

几年前弟弟因为做饼做到手受伤，于是才由她接手，但说是接手，其实秦家小孩每个都是高手，全因为从小都是看着妈妈做

饼长大的，十二三岁就学着做。秦婆婆已经九十二岁高龄，除听力退化外，到现在还是行动自如，每天还是会来到炉子边用着她满布岁月痕迹的双手，帮忙上炉、翻饼。来自山东的秦婆婆教会孩子们做的是冷面技术，用冷水和面团做出来的饼，热的好吃、冷掉后还是有咬劲，从秦婆婆那个年代就完全不加一滴油的干烙做法，做出的饼可以像干粮一样，冷冻两个月再回温一样保有口感。

冷面做饼冷热皆宜，只卖识货饕客

率直不矫情的秦大哥会将冷面团冷热皆宜的奥妙之处不厌其烦地说给顾客听，但当你还是带着主观想法时可能会被轰出门。他说如果不了解过程就不要随便评论，因为这传统山东味从饼皮开始到结束，都要花上五十分钟去制作。每个饼都不马虎，尽管放在蒸笼里，也排列成螺旋状，井然有序，年复一年手法都没变。秦大哥说要将妈妈漂洋过海带来的面粉香，像是接力赛一样一棒一棒地传下去。

美味导航

店名：秦家饼店

店址：台北市大安区四维路6巷12号（无座位）

电话：02-2705-7255（请先来电订）

营业时间：10:30—20:00（周日休息）

网址：www.27057255.com.tw

孝道酸梅汤

孝心为本，饮品养生透心凉

莲子银耳汤，手工不偷工

夏天一早，台南文南路上的养生饮品店里，厨房温度已经逼近四十度。老板娘石美霞忙着煮店内招牌莲子银耳汤，先将一大锅过滤水加入冰糖煮到沸腾，接着将浸泡过一小时的白木耳掐头去蒂，红枣则要另起炉灶，大火滚过之后再用小火熬煮三小时，最后把红枣和蜜莲子一起熬煮半小时，最后就做成养生又养嘴的莲子银耳汤。莲子银耳汤冰镇过后爽脆滑口，口感Q嫩，懂吃爱吃的台南人最知道这平民燕窝的好处。老板娘每天得煮两三桶，才够客人消暑兼美容。

天然杏仁茶，没香料照样香

而厨房的温度还降不下来，老板李曜羽在另一旁煮着杏仁茶，遵照古法熬煮的杏仁茶在市面上几乎绝迹，但李曜羽坚持早起工、

不偷工，熬煮出来的杏仁茶才能养生不伤身。沸腾后的天然杏仁茶香气更加浓郁，口感就像米浆一样浓稠，在店里也是人气商品。但其实李曜羽最拿手的是古早味酸梅汤，仙渣、甘草、洛神、陈皮、桂花、乌梅，再加上独门秘方熬煮八小时，就是去油解腻、生津止渴的夏天冷饮圣品，做成酸梅冻更是晶莹剔透，清凉好滋味。

替父亲保健，天天酸梅汤

二十年前李曜羽原本经营南北货批发，当时八十岁的老爸中风，从鬼门关前捡回一条命，孝顺的李曜羽带着父亲，到处求诊寻求保健之道，后来中医朋友要他回去煮酸梅汤给爸爸喝，结果喝了两个月爸爸的病情果真大有改善。他灵机一动，认为既解渴又养生的酸梅汤在炎热的南台湾应该很有市场，于是他改卖酸梅汤打响名号，再发展出各种老祖先系列的养生饮品，在当时流行的泡沫红茶风潮中独树一格，他的饮料强调天然手工，坚守绝对不加色素香料防腐剂、不过甜、不加冰块。

良心做饮料，府城伴手礼

要赚钱赚得心安理得，自然就赢得消费者的心，不怕现代化的连锁饮料店竞争，李曜羽的养生饮品还获选为台南市的十大伴手礼。一年前李曜羽的儿子李善志不忍心父母太过忙碌，于是回家从学徒做起，才知道喝了二十年的自家酸梅汤其实每天都在与时俱进。李善志希望未来能够扩大规模，成立直营分店打响自家招牌。老饮品熬煮新口味，从亲情出发，以孝心接棒，再加入新元素，解渴养生也酝酿出消暑酷名声。

美味导航

店名：大水缸传统健康饮品专卖

店址：台南市南区文南路 325 号

电话：06-2921-316

营业时间：09:30—22:00/ 周日 09:30—17:00

（每月最后一个周日休息）

网址：www.2921316.com.tw

孔庙香肠达人

中药、臭豆腐皆入菜，口感丰富多层次

臭豆腐香肠，观光客最爱

台南孔庙飘散的不只有浓浓的古色古香，还有诱人的烤肉香——这便是人称全台南第一的烤香肠，每到假日，吴奇龙的店内总是挤满了闻香而来的游客。把臭豆腐包进香肠里，臭中带香，一口咬下双重享受，让人越吃越上瘾，老板吴奇龙可说是府城的香肠达人，麻辣臭豆腐香肠就是他的杰作。

中药入馅料，健康又养生

把发酵一个月的中药材浸泡液淋上臭豆腐，这是吴奇龙制作臭豆腐香肠的独门秘方，别小看这白浊的中药水，其中含有十六种中药材，不只让臭豆腐臭得发香，还具有养生的作用。猪肉则是要选运动量最大的前腿肉，肉质才更Q嫩有弹性；瘦肉和肥肉的比例是八比二，瘦肉比较多才符合药膳的精神。

臭豆腐经过中药水浸泡五个小时，就可以和猪肉混在一起做按摩。力道太轻不够入味，太用力又怕豆腐破相，得好生伺候，把豆腐跟猪肉还有香气都融合在一起。有了好内在，外表也不能马虎，用天然的猪小肠衣入料再整理，最后用真空方式把豆腐肉

馅灌进肠衣，再用手按摩整形，上烤炉之后就是全台湾独一无二的臭豆腐香肠。

儿时记忆深，成为香肠达人

吴奇龙的臭豆腐香肠推出后，一年狂卖好几万支；而另一味药膳香肠内含四十六种中药材，再淋上金门高粱，就是店内的招牌美味。吴奇龙从小就超爱吃香肠，一天吃不到就感觉全身没劲，长大后吴奇龙经营中医诊所，二十年前他结束诊所业务，就想到何不来卖养生香肠试试看。

年年创佳绩，获选伴手礼

借用药食同源的概念，做出平常就可以吃得到的东西，结果一如预期，养生香肠一推出就大受欢迎，绝对不添加任何化学原料，主动送 SGS 认证过关，每到过年过节，宅配订单更是接不完，还连续三年获得票选成为台南十大伴手礼，但吴奇龙不以此自满，继续研发各种创意口味，挑战顾客的味蕾。

盼在地美味，引客游台南

有人问这位香肠达人有没有计划做得更大，吴奇龙说他很满意现在小而美的成绩，继续在台南飘香，成为在地特色，继续蝉联台南美食的代表，让大家想吃他的香肠，用烤肉香做引子，发扬故乡的古色古香。

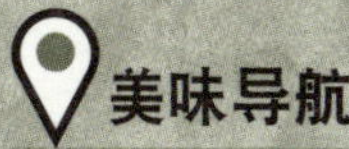

美味导航

店名：不老庄食品

店址：台南市中西区南门路 55 号

电话：06-2262-288/06-2254-395

营业时间：08:30—21:00

网址：www.pce.com.tw

记者猪血糕

平凡中见真功夫的猪血糕

排队才吃到，饕客连按赞

华灯初上，台北吴兴街准时上演排队人潮，让人撑着伞也要排队吃到的是传说中的人气猪血糕。老板娘谢桂华的手没停过，简陋的摊子不到一坪大，完全没有任何装潢，但想要在台北众多猪血糕摊中能够杀出一条血路，秘诀全在每一项细节里。花生粉用的是整颗花生下去磨制而成，口感好、香气足，新鲜香菜铺得满满毫不吝啬，还有特调酱汁熬成的独家口味更是吸金的秘诀。

自做自售，才有独特性

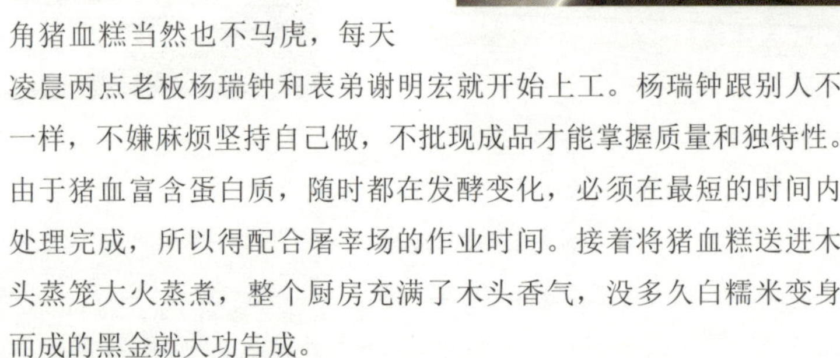

每样配料都诚意十足，主角猪血糕当然也不马虎，每天凌晨两点老板杨瑞钟和表弟谢明宏就开始上工。杨瑞钟跟别人不一样，不嫌麻烦坚持自己做，不批现成品才能掌握质量和独特性。由于猪血富含蛋白质，随时都在发酵变化，必须在最短的时间内处理完成，所以得配合屠宰场的作业时间。接着将猪血糕送进木头蒸笼大火蒸煮，整个厨房充满了木头香气，没多久白糯米变身而成的黑金就大功告成。

记者来转业，得破釜沉舟

其实杨瑞钟和老婆谢桂华以前的工作是专门采访别人的电视台记者，夫妻俩原本是一起搭档的文字记者和摄影记者，结婚后工作和生活却难以兼顾，他们重新思考人生方向，觉得记者的付出和收获不成正比，于是夫妻俩下定决心破釜沉舟，卷起袖子卖起盐酥鸡，靠着以前采访别人学到的生意经，盐酥鸡卖得呱呱叫。

摸索做实验，复制阿公味

当时谢桂华哥哥也在内湖卖猪血糕，但生意凄惨无比，谢桂华想起以前阿公自制自销的猪血糕滋味一级棒，于是建议哥哥和老公凭着记忆，复制阿公的古早味。从研发到做出成品总共耗时半年的时间，那时媒体一天到晚报道猪血糕食材来源和制作过程卫生堪虑，凭着职业敏锐度，他们把自家产品送验，安全过关才敢贩卖。

开放加盟，赚遍全台湾

他们抓紧消费者喜欢大碗的心理，猪血糕尺寸比别人大上一号，长约四十五厘米，谢桂华在吴兴街，哥哥在内湖摆摊，兄妹俩每天加起来要卖将近两千份。现在杨瑞钟和表弟白天负责猪血糕制作，晚上卖盐酥鸡，谢桂华专卖猪血糕，夫妻俩并肩作战，接着要扩大规模开放加盟。不怕转行，只要掌握细节、了解需求，加上踏实努力，成功自然水到渠成。

美味导航

店名：737 串烤香鸡排

店址：台北市吴兴街 207 号

电话：02-2799-4311

麻豆碗粿

世代传承好手艺，蒸出难忘传统味

旧米炊好粿，温润满庭香

台南市西门路上的厨房里，每天都由磨米机唤醒一天的忙碌。正在工作的是碗粿师傅李永祥。米必定用三年以上的在来米，师傅说："做碗粿一定要用旧米，旧米所炊起来的碗粿才会Q。"在来米经过研磨后，变成了浓稠的粿浆流泻而出，接着加入煮沸的开水让粿浆烫熟，还得立刻翻搅，做成碗粿才不会太硬，接着把前一天腌过的后腿猪肉、炒好的肉臊、香菇和蛋黄，放进复古味十足的白底花碗再倒进粿浆，准备推进蒸炉。

碗粿王之孙，重拾阿公味

李永祥原本做的是服装业，十五年前转行跟阿伯学做碗粿，半路出家也可以说是半路回家。麻豆人人知晓最有名的碗粿大王李助，就是他的阿公，父执辈分家后，麻豆老家的碗粿事业由阿伯继承。身为碗粿世家，再加上阿伯的功力加持，李永祥虽然是半路出家，但他的手艺绝不会让阿公丢脸。

美味无秘方，关键在比例

炊碗粿一定要用大火，大火炊起来的

碗粿才会好，如果火太小的话，碗粿炊起来会绵绵的，吃的时候会黏嘴。趁着蒸煮空当，另一项美味关键——酱汁也登场了。问到李永祥酱汁里有哪些东西，他强调没有特殊材料，全在于调配比例，这一切归功于经验传承，也只有百年四代的家学渊源，才能说得如此轻松简单。

回家照顾娘，卷袖做碗

四十分钟后，碗粿伴随热腾腾的蒸汽出炉，淋上酱汁天生绝配，这是老一辈熟悉的传统米食。李永祥做碗粿，除了传承百年经验，最大的原因是妈妈年纪大了，便决定回乡奉孝。在厨房帮忙腌后腿肉的李妈妈，结婚后就在碗粿家族工作，直到多年前分家后才能休息。

妹妹和妹婿，同捧碗粿碗

妹妹李京凌看到哥哥忙不过来，也一起回来帮忙做生意。李京凌原本在家具店当店长，利用学到的营销概念，参加美食展打知名度，推广网络宅配，做全台湾生意。而生意经验最多的是妹婿杨宗霖，他年轻时曾在酒店上班，是岳母眼中没有定性的毛头小伙子，直到宝贝女儿逐渐长大，才收心不再不务正业。在厨房熏陶了好几年后，杨宗霖的手艺已经不输给大舅子，现在每天生产六百个碗粿，为生活忙碌打拼。兄妹一起回家打拼顾家，小小的碗粿传承百年，家的味道要延续到每一代。

美味导航

店名：麻豆助碗粿

店址：台南市西门路一段 704 号

电话：06-2157-079

营业时间：10:00—19:00（周一休息）

网址：www.zhu.com.tw

最红酒酿汤圆

历久弥新的江浙老味道

酒酿汤圆，江浙味解乡愁

这家店上门的几乎都是老顾客，不用多费唇舌，点的菜都是排骨菜饭、炒糕、菜肉馄饨汤，当然更不能少了招牌汤圆。六十年老店，是从这一颗颗吃起来Q嫩又滑顺的汤圆起家。店内的明星产品芝麻汤圆，从挑选到制成全都是由老师傅一手包办，芝麻用干锅炒，要炒得好，就要受热平均，因此要不断翻炒，所以手劲要大，看到它膨胀，又散发出阵阵香气时就代表可以起锅了。芝麻磨碎之后还要拌入板油、糖粉，芝麻馅就大致成形了。吃之前再加上一小撮独门的咸桂花，提出甜味外，更有股令人着迷的金桂清香。

男丁移民女人当家，保证味道不走味

陆姐和创办人曹国财是世交，六十年前就以制作糯米产品起家，延伸出江浙菜肴。老台北人只要想到吃年糕、粽子或是汤圆，就会想到这味江浙号。曹家现在男丁全部移民美国，担心招牌就此收掉，曹妈妈就拜托从小跟在身旁的陆姐帮忙传承。现在这个江浙号，就是由陆姐和曹家小女儿爱琴来打理。女人当家，成了这家老店转型的最大力量。老店的排骨菜饭也是一绝，炸好的排骨，咸中带着酥脆，还要配上每天现做的青江菜饭，一口排骨一口菜饭，这陪伴了许多人的成长路。

老店首次商场设点，损失百万尝败绩

随着健康意识高涨，陆姐知道再不调整口味，势必吸引不了新客源，于是将口味减糖、减油，但厉害的是，这样做出来的菜依旧是那样好吃。为了让老店有新局，几年前也进驻各大卖场的美食街设柜，但这首战就打了个大败仗，陆姐说："在卖场吃东西的人，会比较想尝鲜，我们这种菜肴就比较不适合，但是人总要出去看一看，反正不行就收起来。"市场评估不够周密，九月份全部收掉，一损失就是好几百万，有人问陆姐心不心疼，她倒是瞪大眼说："怎么会，这是该有的心理准备。"坚定的眼神中透露着老店掌门惯有的骄傲，因为只要逢年过节，看到大家争相抢买元宵、买湖州粽，抢订年菜的热烈景象，她就有自信，老口味功夫底子打得厚，一定是历久弥新，不会被淘汰。

美味导航

店名：蔡万兴老店

店址：台北市中正区福州街 16-6 号 1 楼

电话：02-2351-0848

用餐时间：11:30—14:00/17:00—20:30（周日至 20:00）

门市时间：10:00—14:00/15:30—20:45（周一休息）

老砂锅鱼头

在地第一名砂锅鱼头，汤鲜味美肉又甜

砂锅鱼头飘香四十年，嘉义最好味

位于嘉义中正路上经营了四十年的砂锅鱼头老店，晚餐时间永远热闹滚滚。第三代老板林佳慧动作没停过，若手脚不快，就赶不上老饕上门尝鲜的速度。大名鼎鼎的第二代老板林聪明的地方，就是所有的流程都要按照古法，他说古法虽然客人不会煮，但是会吃，吃了以后会想要再来吃，这就是他们的专业，他们的坚持。

水库大头鲢，野生最好味

嘉义人都知道吃砂锅鱼头要找林聪明，因为他从选鱼开始就很聪明，鱼要头好身壮、肉质细致结实，就得要曾文水库的大头鲢才够资格入选。林聪明说水库的鱼体形大，肉质也比较新鲜，没有人工养殖的腥味和消毒粉味，而鱼肉切块处理就得下锅，炸到表皮金黄就是好吃的第一步，不但炸掉了腥味，也保持了它的甜味。

美味招牌，交棒年轻第三代

六十岁的林聪明从十三岁开始就在店里帮忙，砂锅鱼头一做四十二年，

在大女儿大学毕业后培养其接班，现在几乎完全交棒。当时女儿林佳慧接手时，她和父亲商量放手让她调整生产细节、重新装修店面，她全年无休，越做越投入，虽然一开始要把爸爸四十年的经验功力完全移植过来，难倒了学院派的林佳慧，但经过五年密集训练，一九七一年生人的林佳慧现在已经能够独当一面，做出老爸认可的味道。

耐心不偷工，时间换好料

一锅熬到像豆浆一样白皙浓郁的是砂锅鱼头的汤底，上百斤的猪大骨和鸡骨头熬煮八小时，才有不加任何人工调味的自然甜美，一锅至少得熬八个小时，美味的关键基底就是一锅锅称好重量、算好比例的天然辛香料，林佳慧说所有的汤头最重要的就是爆香，不用太多香料，用传统的方式熬汤，过程虽然烦琐，但客人一定能从味觉中感受到其中的用心。

六张桌起家，骑楼买大厝

三十年前的林聪明，靠着林佳慧的阿嬷遗传的好手艺，在中正路上自立门户卖砂锅鱼头，跟眼科医师拜托了好久，终于求到休诊的晚间时段可以在诊所骑楼下摆摊营业，一对夫妻要养三个千金明珠，连台风天都不敢休息，从六张桌子开始打拼，最后竟然买下了诊所当店面，成为嘉义的砂锅鱼头传奇。

七年级生掌勺，飘香有雄心

以前事业成功创造六桌传奇，让人津津乐道也有几分自豪，林聪明夫妇现在最骄傲的则是女儿的认真勤奋，连马英九都称赞她，而林佳慧的企图比老爸更远大，工作之余还自己制作嘉义的美食地图，希望用自家的鱼头领头和在地观光一起飘香共荣，她有想法有做法，脚踏实地立志青出于蓝。

美味导航

店名：林聪明沙锅鱼头

店址：嘉义市中正路 361 号

电话：05-2270661

营业时间：16:00—22:00

（每月不定休三天，将公布于店网站）

网址：www.smartfish.com.tw

热腾腾胡椒饼

捧在手心的温暖，送入口中的满足

小小胡椒饼，大大满足感

绵雨寒风中，台北三重就属这间店面依旧排长龙，食客为的是吃上这一口好滋味。老板手没停过，旁边这个年轻人今年才二十岁，正在读大学，当别的同学组乐团玩乐时，他从小就从捏面团开始玩起，因为这间胡椒饼店，见证了父母亲养育他二十年的成长岁月。当年，胡椒饼店只是个三坪不到的摊位，却是很多在地人、上班族魂牵梦萦的牵挂，出炉前就排队等着买，抢着吃热腾腾的肉馅。来到三重，老饕都会告诉你，不要错过这好滋味。

三字头创业，夫妻共打拼

老板最早是业务员，老板娘是会计，因为在同一间公司日久生情终成佳偶。三十几岁时夫妻俩改做不锈钢工厂，没想到即使经济景气，但请不到师傅，就算接到生意，也没有办法生产，穷途末路下老板想到，姐夫是南港有名的胡椒饼店老板，于是心血来潮，也来学做胡椒饼。

美食无捷径，对食材坚持

开始了一天兼做两份工的苦日子，老板说

做吃的最重要的就是食材新鲜，所以都尽量用当天的食材。因为坚持要新鲜食材，他一大清早就得去市场买宜兰的三星葱。载回店里之后，洗葱是大学问，夏天比较会有虫害，洗的时候每一根都要照电灯，葱里面可能会躲虫，只看外表看不出来。

接着切葱也没这么简单，切下去的瞬间葱的呛辣味直扑面，刚开始切就会一直掉眼泪，老板笑说还没做生意前都在哭，看这日子有多难过。葱切好了要赶紧晾干，而老板娘的手没有停过，继续擀面团、做甜饼，把早上的分量先做好了，下午才能专心包胡椒饼。坚持选用有机的黑毛猪肉，再大方地包上一大把宜兰的三星葱，光看这包胡椒饼的过程，就让人觉得口水直流，送进烤炉里焖烤几分钟，一出炉饼香四散。

小摊变店面，得来实不易

夫妻俩三十几岁才决定转行创业，打拼总算有成果，二十年来从只是小摊贩，到最近两年买下店面，但收获背后随之而来的是沉重的房贷跟更多的人事成本，老板笑笑地说："不过还好小孩长大了，既懂事又孝顺，有空就会来帮忙，我想，这就是甜蜜的负担。"当你咬下这一口有名的饼时，吃到的不只是皮薄多汁的葱肉胡椒饼，更吃进去了这全家人的暖暖亲情。

美味导航

店名：龙门胡椒饼

店址：新北市三重区龙门路 30 号

电话：02-2973-2229/0926-335-723

营业时间：14:00—19:30（售完为止 / 周日休息）

网购点心篇

午后茶点、消夜小食，
止饥解馋外加幸福感满分。
无论是近期蹿红的团购新秀，
还是有死忠支持者的老字号名店，
只需通过网购或宅配，
吃遍全台好方便。

创意地瓜烧

平民食材，创意变身，美味三级跳

拒绝仿冒，正港地瓜烧申请专利

一颗半斤重的地瓜，面包店一天要用上一千五百斤，洗净后放入大烤炉，接着把果肉挖出来，经过特殊处理的地瓜绵密细致，但是挖出来还得摆回去重烤一次，如此一道又一道繁复的手续，才制作出金黄美味的地瓜烧。看起来普通，模仿者却很多，北至金山南到彰化，研发本尊的面包店女老板陈琼华一天到晚都在寄存证信函，但是对方的响应都很差，为了杜绝更多的仿冒，陈琼华决定帮地瓜申请一张身份证，也就是发明专利。

地瓜烧申请专利，叩关五年辛酸路

一张专利证书她一申请就是五年，在这过程中当然也经过几次的驳回。陈琼华努力申诉，甚至于还亲自到“智财局”当面跟他们讨论，“不就是烤番薯吗？”五年来这个问题她被“智慧财产局”的审核官员不知问了多少次，后来她改变战术改以申请“可保持地瓜风味及形状之烘焙方法”，她公开制作流程，每一个步骤都列入专利保护范围。

打击盗版，面包店老板出招自救

产品被模仿，陈琼华不知吃了多少次亏，她说自己每个月都会推出新品，而新品上架当天，店里总会出现一群同业的面包师傅来参考他们的新产品，同业参考后就原形原味进行复制，月初观摩，月底对方的店就会出现一模一样的东西。仿冒防不胜防，店里如今共有五种专利，包括元宝形状的凤梨酥以及包着梅子的梅心肝巧克力，堪称是全台最多发明专利的面包店，虽然一纸专利要价两万，但是陈琼华认为打击盗版都是要付出代价的。

国中化学老师，化身面包发明大王

专业药师出身，担任过国中化学老师的她，做起事来十足的教师个性，没有敷衍的空间。例如要做地瓜烧，她就从南到北到处找合适的地瓜，翻遍全省所有地瓜种类，而烘焙坊成了实验室，药味也变成了美味。开店十五年，陈琼华研发的面包款式与口味不下千种，这位糕点界的发明大师费尽心思，希望消费者送进口里的都是纯正口味。

美味导航

店名：向阳房

店址：台中市南屯区大墩 17 街 121 号

电话：04-2323-7466

营业时间：07:30—22:00

网址：www.shinehouse.com.tw

香浓芋泥卷

口感扎实用料不手软，就怕你吃不完

绵密芋泥卷，重达一公斤

绵密细致的芋泥，厚厚一层涂抹在蛋糕上，一条一公斤重的蛋糕卷，光是芋泥就占了八成。沉甸甸的，一刀下去立刻爆浆，完全不加水的芋泥，口感扎实，散发浓浓的芋头香，极尽挑逗味蕾，但是如果想吃，请先排队一个月。员工天天狂做上千条芋泥卷，但就是不够。订单一张接着一张冒出来，门市的人潮也没停过。没有事先预约，想买现货只能碰运气，生意这么好，老板王志德总算苦尽甘来。

台风毁工厂，重新再来过

墙壁上两道水痕，是王志德的记忆伤痕，二〇〇〇年象神台风，淹没他汐止的面包工厂。赖以维生的生产设备和货车全部泡在水里，整整一个月没有收入，但是得支付固定支出。王志德哀伤了半年的时间，整天都在埋头做吐司，揉一揉，把自己的哀伤压下去，好不容易贷了款想要重新整店，才刚刚要站起来，纳莉风灾又把他狠狠推下去。

遇多重打击，幸有母亲顶

第一次淹水，老板就拿房子去贷款，第二次淹水，整个汐止的房价就直线下降掉了三成，银行要你还款，因为现金不够那么多，只好把台北的住家卖掉，补这个空缺。孩子在外租房、积欠两千多万的债务、老婆也因为躁郁症离家出走，多重打击，眼见天要塌了，还好有母亲顶着。她把四十年任教的退休金全数拿出来帮助儿子渡过难关。

转往网络营销，事业创巅峰

八十几岁的妈妈，讲起儿子的苦难掩心疼。然而传统蛋糕店没有门面和广告，做了这些年，不赔也赚不了钱，念化工出身的王志德念头一转，何不利用网络营销？于是花了一年时间，自己写程序架网站做宅配，才一上线，网络订购团购的单子就疯狂涌入，他自己也吓了一跳。连续两年，芋泥卷都被网友票选为十大团购美食，老店咸鱼翻身，就连切边蛋糕都有顾客抢着要。

忽然间就攀上事业的巅峰，王志德却没有志得意满，他知道成功得来不易，所以他刻意留下墙上的水痕，笑说："我妈妈一直说墙壁要漆了啦，但我想要留下这水痕，不忘当初怎么惨，是怎么样渡过难关的。"

店名取为香帅，因为他就是楚留香迷，也期许自己在逆境的时候也能像香帅一样，潇洒自在。人生是需要多一点儿波折，才会使你的战斗力更强，使你的人生也更丰富。

美味导航

店名：香帅蛋糕

店址：新北市汐止区汐万路一段 238 号

电话：02-2648-6558

营业时间：8:30—22:00

网址：www.scake.com.tw

地瓜金泡芙

金沙地瓜馅，再现山城淘金热

地瓜大泡芙，荒郊引钱潮

九份郊区有栋不起眼的白色民房，里头却藏了个甜点王国，其中最让人惊奇的就是地瓜泡芙，馅料入口即化，每到假日都引起排队人潮，不到五坪的小小店面，就这样靠着地瓜泡芙打响甜点口碑，也缔造了山城里的创业传奇。

合伙齐创业，称霸北海岸

三位合伙人原本都是知名甜点店的同事，共同的梦想是有份自己的事业，地瓜泡芙能热销，靠的就是默契十足的分工合作。木讷的一号老板简势锜，烘焙技术一等一，一大篮的鸡蛋毫不吝啬地和面粉一起手工搅和，成了泡芙好吃的底蕴，之后再放进搅拌

机里打出面粉筋度，直到有了酸奶一样的流动性才算合格，接着送进烤箱，出炉后的金黄酥皮让人口水直流。一旁准备地瓜馅的是二号老板周义程，从小吃地瓜长大，堪称地瓜达人。红心地瓜蒸熟后香气四溢，加上特调的进口奶油急速冰镇，和酥皮结合成黄金拍档。泡芙完成后，再由唯一不是糕点师傅出身的三号老板蔡威德负责营销通路等大小事务，连送货也是他亲自上阵，主动出击让他们成为大台北不少咖啡厅的点心代工厂，连知名温泉会馆也是他们的客户。

产地送厨房，地瓜泡芙鲜

为节省成本，蔡威德还负责采买，招牌泡芙用万里地瓜从产地直送厨房，所以质量都是最高的，有新鲜的在地食材加上用心制作，好吃并非偶然。不过当初听到周义程要用地瓜来做泡芙，糕点老手简势锜心里却满是问号，但把地瓜做成精致的甜点，周义程其实不是随便乱想，而是为了一段朴实深刻的故事。

阿嬷苦记忆，翻身成美味

从小周义程最常听的故事，就是矿工阿公辛苦拉扯一家六个孩子的口述历史，即便阿公已经过世二十几年，贫苦的不安感依旧是阿嬷放不下的牵挂，阿嬷的地瓜滋味多的是困顿回忆，还有对阿公的怀念，孝顺的周义程心疼之余想着如何让阿嬷吃到地瓜的甘甜，所以他决定将地瓜做成精致糕点。以前拿来充饥的地瓜现在变成孙子创业的招牌点心，祖孙的地瓜缘透过营销宣传，为美食提供了美丽的故事，把人情世故吞进去，把整个九份消化进衷肠。泡芙的成功，让阿嬷有了笑容，三个年轻人也因为创意和努力，在九份山城边找到自己的金矿。

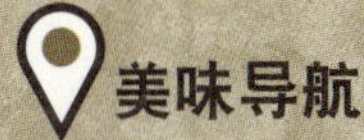

店名：米诗提甜点王国

店址：新北市瑞芳区明灯路一段6-1号

电话：02-2497-6296

营业时间：周日—周四 10:00—19:00

周五—周六 10:00—20:00

网址：www.misty-cake.com.tw

无油炸虾饼

跨国界创意虾饼，吃得到大海气息

全台唯一无油虾饼，安平新鲜货夯

周末的台南安平老街挤得水泄不通，老板蔡震宇热情地招呼民众试吃刚爆出来的全台独家无油虾饼，香脆可口、入口即化，最重要的是完全不油腻。蔡老板当初动脑筋用韩式爆米饼机器爆台湾的虾饼，结果跟传统油炸的虾饼相比，少了油腻多了健康，创业一年多，一个月甚至可以卖上几十万片。

改良传统配方，美味健康兼顾

蔡震宇堪称虾饼达人，他每天大约要花两小时剪虾子。火烧虾保存不易，所以剪完就得趁鲜送进搅拌机打成虾泥，再把干的樱花虾打成虾粉用来取代味精，鲜度甜度提升好几倍，还包含丰富钙质和甲壳素，使虾饼的美味和营养加倍。虽然调味成本增加了，不过蔡震宇认为这是省不得的开销，而最后用糯米粉替代便宜的玉米粉和太白粉，和火烧虾泥、樱花虾粉一起搅拌成虾泥团送进烤箱，出炉后放凉冰镇再切块削片摊在日光下。至于接下来要怎么将晒好的虾饼片爆成虾片，就是独家机密了。

质鲜味美量多，火烧虾印度尼西亚味

一接近中午，茄萣渔港就开始出现采买人潮，蔡震宇总是来这里购买最新鲜的火烧虾。比蛤蛎还甜的火烧虾产量多而且价格便宜，除了是虾饼的最佳原料，也是台湾庶民餐桌常见的料理食材，但衍生成为安平特产的虾饼小吃，据说是因为三十多年前印度尼西亚新娘嫁到台湾来，看到虾子这么多，就想着要把它们做成自己故乡的产物。异国味碰上好食材，落地生根成为在地文化的一部分。

渗入人生况味，踏实味更有味

十几年前的蔡震宇还是个浪荡仔，退伍后做水果批发，知名甜点连锁店卖芒果爽，用的全是他的芒果。当时他大赚新台币，花钱像流水一样豪气，但好景不长，SARS 期间甜点店不敌景气纷纷收摊，蔡震宇也被牵连，千万积蓄跟着赔光，只好在夜市摆摊卖流行的韩式爆米饼。因为七十多岁的老爸爸爱吃炸虾饼，他担心虾饼油腻不适合老人家，灵机一动创造出印度尼西亚口味加上台湾口味加上韩国口味混杂的无油虾饼，改良的虾饼让蔡震宇再度咸鱼翻身，虽然赚得比以前辛苦，但历经跌倒爬起，才知珍惜、才最踏实，如今他不像过去那么风光，但却是最快乐的。从孝心出发，蔡震宇的虾饼传统中有创新，美味中有真味。

美味导航

店名：府城安平小铺

店址：台南市安平区安平路 167 号

电话：06-2235-990

营业时间：平日 10:00—19:00/ 假日 09:00—20:00

网址：www.062285821.com.tw

时尚贡丸

汁多肉弹，传统美味时尚变身

贡丸店第二代，难忘记忆中的美味

白宥芹和白伟成，一个是伦敦艺术大学的高才生，一个梦想在加拿大开赛车，却双双放弃在国外发展的机会，姐弟俩相约扛起家里的贡丸招牌。宥芹说："我吃我们家贡丸长大，吃过其他家贡丸，都没有自家的好吃，才认为这东西不能到父母这一辈就停下来，因此决定回来，但想要以不一样的方法经营。"白爸爸在永春市场做了三十年的手工贡丸，说到贡丸，看起来简单，做起来却很费工，特别是汤汁，当年白爸爸可是研究了好久，最后研究出用三种肉下去打成肉泥，瘦肉、后腿肉还有梅花肉再加一点儿油，口感就变得香弹有劲。

设计师与赛车手，毕业返乡卖贡丸

白爸爸是市场第一家卖贡丸的，每天贡丸捏个不停，虽然辛苦，却也把四个孩子全部送出国念书。没想到姐弟俩竟然说要继续做白家贡丸，爸爸一听当然反对，都出国留学了还到市场做苦工。但宥芹仍坚持想法，姐弟俩便开始分工，宥芹负责营销，伟成掌管厨房，原本想象做贡丸是一个很简单的流程，做了之后才发现有很多细节，从温度到掌控时间都有一定的流程，对这两位年轻人来说最辛苦的是一大早起床，除此之外，平均一天要做一百五十斤的猪肉，过年期间要用到三百斤，忙到头昏眼花手脚发软。

第二代革新，平价贡丸精品化

而震撼教育还不止这一堂，过去从事时尚业的宥芹，重新装潢市场摊位，结果一个月都等不到客人。既然顾客不主动，两人念头一转，干脆自己主动出击，自己到处请人试吃，成功赢回老客人，也吸引了新客人，两人也架设网站做网络宅配，业绩至少多了两成，贡丸的包装也从传统的塑料袋，变成宥芹设计的精品礼盒，加上买贡丸送高汤粉的创举，增加烹煮的便利性。

转型创商机，收服顾客的心

接下老店短短两年的时间，姐弟俩已经经营出好成绩，不但延续了老爸的美味，还用创新手法，把市场贡丸变成了精品贡丸，更一举拿下台北市天下第一摊的冠军荣誉。虽然当不成设计师和赛车手，白家第二代用开放的心，把对家庭的责任转换成另外一种兴趣，果然越做越起劲。

美味导航

店名：白金山贡丸

店址：台北市信义区松山路 294 号 2 楼

电话：02-2769-5121

营业时间：09:00—18:00

网址：www.gold3.com.tw

亲情巧克力

小店涌人潮，巧克力香醉人

巧克力融在地情，内馅有惊喜

鲜奶油加白兰地，掺着葡萄酒香，茆晋师傅正为了满足客人的嘴而忙碌着，加入了埔里产的白兰地，再倒入比利时进口的高档巧克力，彼此融为一体，茆师傅做起来不疾不徐，还可以顺道指导员工。当搅拌均匀的巧克力倒在盘子里，光泽如镜、闪闪发亮，倒映的是诱人的美味和认真的精神，冷却凝固后撒上可可粉，这就是不包馅的招牌生巧克力。十一年前到日本学习手工巧克力，他对质量很坚持，该有的步骤一点儿也不马虎，入口即化的巧克力，质量国际标准，口味强调在地，在地的不仅包括南投酒厂的白兰地，连鱼池的阿萨姆红茶、埔里的玫瑰和辣椒，也全包进了内馅。

儿子骤逝，回忆甜味带苦

开店三年人气红透，客人上门得抽号码牌，等待时间高山茶和高档咖啡喝到饱，口碑和服务加持，使这家店已成为埔里新的观光胜地。事业这么成功，但茆师傅的心里，却有甜蜜之外的滋味。五年前开始在网络上贩卖，三年前开了门市，这些全是大儿子和小女儿的点子，三人对巧克力店的未来充满了无限的期待，没想到大儿子在退伍前罹患组织细胞增生症英年早逝，无法遵守和父亲一起打拼的约定，即便过了两年，这件事仍然是他心中永远的痛，想起以前快乐的回忆，难免会失控掉泪。

扩展小爱，盼埔里共荣

儿子过世后，他将儿子的所有积蓄全部捐出，那时一看到巧克力，就想起消失的心头肉，很长一段时间消沉失志，但为了十几位员工故作坚强，但在制作新巧克力时，他说："有时难免思念儿子，尤其在教制作巧克力的一刹那，感觉他好像仍在我身边。"心念一转，想到巧克力曾经带给他们的是幸福，于是决心更加努力，要以子之名，捐助更多需要帮助的人，将小爱的精神转成大爱。

他跨出自己的店，成立大埔里观光协会，促进埔里的观光发展，让大家都有钱赚。在埔里的山区里面起起伏伏，有起有落，跟人生心境是一样的，借由运动的感染，让自己保持乐观，茆师傅也体会出人生的方向，人要往前看，因为前面是更加宽广的道路。

美味导航

店名：18 度 C 巧克力工房

店址：南投县埔里镇慈恩街 20 号

电话：04-9298-4863

营业时间：10:00—22:00（全年无休）

网址：http://www.feeling18c.com/

酸甜芒果奶酪

奶香果香滑嫩口感，入喉便是感动

台南绵密奶酪，让人一口接一口

台南这款超细嫩的奶酪口感浓纯绵密，让小小门市每天一开门人潮就没停过。里头人气最旺的就数这款，淋着金黄色泽的芒果泥口味，幕后的奶酪达人就是已经六十岁的欧吉桑方縠派，处女座凡事坚持讲求完美，讲白一点儿就是很龟毛。当年因为心疼女儿联考没有食欲，才想到了做布丁奶酪。

亲访芒果集散地，寻找美味关键

芒果奶酪之所以受欢迎，就是因为他对原料的挑剔，更亲自跑到玉井寻找他的美味芒果。他说芒果奶酪，芒果甜度要超过十七度以上，而且带点龙眼味这就对了，乌香这个品种成了美味关键。更厉害的是，不管是什么芒果，都逃不过他的味蕾。

埋头研发，敬业精神员工敬佩

挑选好的芒果，还要有好的奶酪配方，其中蛋、牛奶、香草和焦糖各有比例，除了他自己试吃外，同事们也得反复试吃好几百次。台南夏天尽管烈日当头，方縠派依然习惯每天爬山，因为登高的同时，脑袋瓜里不停打着转，黄金比例也就此诞生。方縠派坚持，他的产品只用牛奶，绝不添加一滴水，经过处理的芒果泥，也在最新鲜的时候倒进牛奶里，两相混合，浓郁奶味加上果香充满生产线。最后还要泡完热水，再泡冰水，奶酪硬度就在这时候决定。温度掌握变得相当重要，坚持质量所以做出口碑，当焦糖慢慢地滑落，包裹住整个奶酪时，吃上一口，真的就是满足。

儿子成为接班人，依然从基层学起

随着年纪越来越大，方縠派开始训练二十六岁的儿子来接班，他要儿子从基层学起，每个步骤，方縠派都紧盯着，无尽的关爱和期许，尽在他的眼神里。不加水的坚持又对原料严选。为人父，他的典范已经点滴在儿女心中。当年联考的女儿已经嫁人，通过文字写下对父亲的感恩，她提到，每每吃到父亲寄来的布丁，就有满满受宠爱的幸福感动，儿子更用行动表示，到父亲的店里帮忙。

方縠派用爱做成的布丁奶酪教育了儿女，更让产品因为爱，一传十、十传百，每天得生产出一万个以上才能应付需求，接下来要进军烘焙业，还要到台北开门市，卫生第一、用料实在，才能博得客人喝彩。

美味导航

店名：依蕾特

店址：台南市安平区安平路 422 号

电话：06-2260919

营业时间：11:00—21:30

网址：www.elate.com.tw

鲜果香馒头

馒头夹带酸甜果香，大人小孩全都爱

果汁加面团，果干增加扎实感

当老面馒头遇上爱文芒果，口感令人惊艳，创意馒头的发明者就是他，四十九岁的贾复华。夏天热，小朋友又放暑假，馒头店的淡季该如何推陈出新吸引消费者上门呢，他心想尝鲜就对了。因为他们家人都特别喜欢吃芒果，所以才会想把这个芒果做成馒头。挑选盛产的爱文芒果，果汁多味道更甜，完全不加任何的水。揉面团的过程也是一大功夫，一个面团相同的面积，差不多要揉到超过一百次以上，经常让贾家人揉到有职业伤害，肩膀手臂酸痛。

夏季限定芒果馒头，限量抢购一空

除了芒果，招牌的桂圆馒头里也能加入核桃吉士，甚至德国香肠，很多人吃到第一口就直呼惊喜，有桂圆的香、黑糖的甜，咬下去甜甜咸咸又有股烟熏味，颠覆你对传统馒头的味道，此外还有蔓越莓馒头，以及养生而且还得要现炒的坚果杂粮馒头。

老面手工制成，会呼吸的馒头

正在揉面团的是已经九十岁高龄的贾爸爸，他卖馒头时用的就是老面，如今传到十九岁的第三代，做法依旧没变，这面团里就像在呼吸一样。贾复华说："这个是我父亲多年来一直遵循的古法，他把它传给我们，我也想把它传承到我们的下一代。"

第二代贾复华从小看着老爸卖馒头养他们长大，家中还挂着“家和万事兴”的字幅，这五个字是贾家人相处的宗旨，随着父亲年龄增长，贾复华知道回家的时候到了，在外面接触这么多行业，比不上家庭的温暖，所以还是决定回来继续揉面。九十岁的贾美芝，白手起家创造馒头店，年轻时在大陆被抓去充兵而后离乡背井，在台湾卖起了喜欢吃的馒头，一卖就是几十年，他回忆起从前只要喊馒头、山东馒头来了，山边的客人一听到通通跑下来买，他笑说：“我出去两个小时，就全部卖光光了。”

传承三代馒头店，吃到幸福滋味

从骑单车开始卖，卖到骑摩托车，曾经骑车跌倒了，依旧继续卖，就是为了要抚养儿女长大，现在孩子大了回家接棒，把爸爸苦干实作的精神传承下去，贾家一家人，揉面团卖馒头，在平凡中见伟大，吃到他们家的馒头，你也吃进了幸福的滋味。

美味导航

店名：福圆号馒头店

店址：台北市文山区兴隆路三段 298 巷

电话：02-2239-1515

营业时间：12:00—20:00（周日休息）

网址：http://www.0910002005.com/htm/about.htm

蓝带杯子蛋糕

弃高薪工作，用美味蛋糕分享幸福满足

小小蛋糕，深埋对幸福的愿望

在厨房忙碌做杯子蛋糕的，是 Jerri 苏佳莉，她想通过品尝美味传递幸福，让味蕾得到满足、心灵得到疗越。Jerri 的笑容来自看到顾客满意的这一刻，从早忙到晚的汗水跟辛苦瞬间变成感动，她笑笑说："自从开始做杯子蛋糕的时候就发现，最大的成就是每个人吃下去后那个惊艳跟惊喜的表情，这是我觉得开这家店最开心的地方。"

企业财务长转行，化身杯子蛋糕天后

许多名人、企业重要场合的蛋糕都出自她的手。她不只进得了厨房，从小就是高才生的她，美国常春藤名校毕业，拥有会计师执照，二十七岁就已经是跨国企业的台湾区财务长，不到三十岁晋升为亚洲区财务长，年薪五百万。但突如其来的经济风暴，逼得她得对同事裁员，那一刻让她惊觉原来职场是如此残酷，于是才想要做一些比较愉快的事情，三十出头时她毅然做了辞职的决定，放弃别人眼中称羡的高薪工作，她只想简单生活，才决定去巴黎蓝带学习烘焙。

简单杯子蛋糕，讲究烘焙技术

人生突然转了个弯，她先到法国巴黎蓝带学校学习，学成归国后她开了全台湾第一间杯子蛋糕店，最高的业绩一天可以卖出两千个，其中卖得最好的是巧克力蛋糕，另外一个是胡萝卜蛋糕，而且里面的蛋糕体有别于外面一般使用的戚风蛋糕软软的口感，咬下去是满满的扎实。苏佳莉遵循了母亲的做法，做出了她妈妈的味道，自我要求真材实料，重视食物的新鲜原味，因此当别人不断地也开杯子蛋糕店的同时，她的杯子蛋糕在竞争激烈的市场里，还是屹立不倒人气依旧。

放弃百万年薪，追梦活出自我

开间不到五坪大的温馨小店，还在台北担任英文导览志工，这是苏佳莉不同的十年有成。二十多岁职场成功，三十多岁活出自我，也因此看见人生不一样的风景。一路走来，她认为现在的成就其实更高，不管做什么事情，只要自己满意也造福了别人，那就是一种成功，不一定要用钱、名声或权力来决定人生，重要的是大家快乐，自己也快乐。当再次问她，那杯子蛋糕对她而言有什么样的意义，她坚定地说："它其实是一个幸福、温馨跟快乐的传递。"

美味导航

店名：Ginjer cakes'n more

店址：台北市大安区敦化南路一段233巷20号

电话：02-8773-3061

营业时间：11:00—20:30（周日休息）

网址：www.ginjer.com

百年饼铺

酥松的金黄糕饼入口，感动满溢于心

第四代接棒，月饼秘方大公开

这个包着绿豆沙和卤肉馅的台式月饼，已经飘香了超过一百二十个中秋节，要让客人吃不腻，除了真材实料，到底还有什么神奇的地方？站在超级大锅前的是饼铺第四代接班人张仕旻，人称小饼，虽为中医硕士，却拿着锅铲和一锅的卤肉奋战，加入祖传秘方，保证会让你停不住想吃的欲望。绿豆沙的制成更是费功夫，金色诱人的绿豆沙，先蒸后炒最少要三个小时，接着放在竹筛上纳凉，冷却下来之后，就能跟着卤肉一起包进酥皮内，每个步骤都得按照古法，七十多岁高龄的总铺师陈武雄，身体硬朗、耳聪目明，看得可仔细了。

双面烧烤，制饼古法百年传承

刚刚还在尽情搅动卤肉的张仕旻，此刻又守在大烤箱前赶着和时间赛跑，翻起了饼皮，这就是饼店传承百年的烘焙古法双面烧烤，张仕旻说："双面烤出来的饼，表面有薄薄的金黄，感觉很有生命力。"只是为了这个生命力，做一块饼前后需要八个小时，而且都要手工现烤现卖，难怪赶货旺季需要这么多人。

百年饼店第三代，离乡进城艰苦创业

甲午战争爆发那一年，饼店第一代张林犁在台中神冈开店，以细腻的手工和独特的馅料闻名乡里。第三代张东州，也就是小饼的爸爸，却想离家到大城市闯荡，独自跑到台中火车站附近开店，尽管开的是分店，张东州却懂得兄弟登山各自努力的道理，没想过要靠家里的钱或名，也不怕客人拿老店的跟自己的去做比较。

从年轻做到老，饼铺员工一家亲

第四代张仕旻接了棒，才体会阿爸当年的苦，小时候看过爸爸为了烤饼没睡觉，长大轮到自己终于知道是什么感觉，他说："我觉得这就是传承的责任，那以后对于下一代，到第五代甚至到第六代，也是抱持着同样的观念。"现在店里还有许多员工，都是当年跟着小饼的爸爸一起创业打拼从年轻做到老。

从员工变成家人，从临时工变成朋友。一块饼有记忆中的美味，也有浓浓的情味，也是这如此多味多情的传统台式月饼，才能在新式月饼的激烈竞争中维持优势，继续飘香每一个中秋。

美味导航

店名：犁记饼店

店址：台中市北区中清路一段 788 号

电话：04-2295-0079

营业时间：09:00—21:00

网址：www.li-ji.com.tw

南瓜蛋糕

结合水果和糕点的创意吃法

南瓜变蛋糕，网络人气旺

灰姑娘的童话中仙女把南瓜变成马车，在台北瑞芳四脚亭，也有一个点瓜成金的南瓜传奇。厨房里忙着的是苏明昶，二〇〇九年“台湾美兹糕饼竞赛”第一名，在竞争激烈的网络订购中打出名声，全靠手中一颗颗的南瓜。苏明昶每天上工第一件事情，就是小心翼翼地清洗南瓜，清洗完毕之后将南瓜屁股挖洞，把肚子里的南瓜子清理干净，要拿来做奶酪蛋糕的南瓜，要新鲜还要长得一副标准南瓜样，品种的话，只要是产季都好吃。

瓜肉加奶酪，口感很特别

先前参加比赛时，苏明昶的南瓜奶酪蛋糕，在现场引起了同业围观，大家很好奇这个南瓜魔术是怎么样变出来的。重头戏接着登场，新鲜起司一勺、南瓜果肉一勺，挖进空心的南瓜里，最后把屁股封起来冰镇一小时后，外观看似平凡无奇，但里头暗藏好料的南瓜奶酪蛋糕已经完成。绵密浓郁的起司搭配鲜甜清香的南瓜，独特口感加上满满喜感的外形让人惊喜。现在连幼儿园的校外教学，也专程来店里，满足小朋友的小小心愿，看到仿佛卡通里才会出现的南瓜蛋糕，小朋友睁大眼睛，口水都快流下来了。苏师傅的南瓜仿佛有神奇的魔力，让平常不受小朋友欢迎的南瓜咸鱼翻身。

女儿拒南瓜，父亲展创意

事实上南瓜蛋糕的诞生，也是因为家里有个不爱吃南瓜的女儿，连哄带骗就是没办法改变她挑食的习惯，起先苏明昶把南瓜果肉偷偷放进奶酪里面，成功骗过小孩刁钻的嘴，自己吃了也觉得很不错，于是灵机一动，想办法要让这个骗小孩的小玩意儿，变成大人也赞叹的新玩意儿。他读书时就在面包店当学徒，苏明昶做面包蛋糕师傅将近二十年，但四脚亭乡下容易接受的，还是传统的老式口味，不过年轻有创意的他总是喜欢东加西加，把厨房当作实验室，尝试新的口味。一只不到一百元的南瓜，经过点瓜成金，也让自己的身价水涨船高。苏明昶搬离原本租来的小店面，买下透天厝，终于达成长久以来的心愿。他说感觉自己就像是搭着南瓜马车而来的那个灰姑娘。载着父爱和创意巧思，苏明昶的南瓜马车从四脚亭出发，期盼扬名全台湾。

美味导航

店名：晟洸果子坊

店址：新北市瑞芳区瑞竹路 69 之 6 号

电话：02-2459-1069

营业时间：08:00—21:00

网址：http://www.changun.biz/

九降风柿饼

经历风吹日晒，吸收大地精华的天然柿饼

传承百年，客家柿饼珍贵

季风吹起，燠热稍退，不过新埔旱坑里的工作气氛却开始加温，一大早就开始忙碌，把柿饼送上架子吹风晒太阳的是达人刘理鉴，为了今年的第一批柿饼，他等待风起超过半年。整片场地耀眼金黄，飘散柿子甜香，这是每年九月到十二月特有的景观。冬天时凛冽干冷的九降风吹起，雨量稀少难以耕作，善于适应环境的客家人，利用当地的柿子晒成柿饼，旱坑里成了台湾的柿饼之乡。

等待美食，吹晒柿饼费时费工

上架日晒的柿子，削完皮后得先熏烤两小时，柿子就会形成一个保护膜，做传统的日晒会比较好照顾，还能达到杀菌的作用。第二天柿子就可以登场做日光浴，但可不是躺着就没事，还得经过贵宾级的服侍，晒一天按摩一次，除了塑身之外，还有排水的作用，透过挤压让柿子水分更快地蒸发，日晒之后原本七分熟的果肉，开始后熟作用，糖分慢慢产生且散发果香，日晒过程中，

还要不断翻动才能充分干燥，完全没办法偷懒。经过三次按摩然后整形，最后送进冷风干燥室。

吹晒柿饼，全台仅存一家

八天的工夫让皮薄甜美的日晒柿饼终于诞生，吃起来有太阳的味道，还有温暖的人情味，好吃的柿饼让游客专门远道来尝鲜。十几年前大陆的低价柿饼进攻台湾，家人一度劝说收店，这么辛苦又没办法跟大陆柿饼竞争，但身为做了三十年柿饼的第三代传人，刘理鉴坚持咬牙硬撑，同行纷纷改用干燥机，制作和人力成本也省下一半以上，但他还是坚持天然的做法，因为做柿饼都是用涩柿子来做，涩柿子变成这么甜的柿饼，需要一定的时间。他总是被别人笑吃力不讨好，但是东西好将来总是会有人欣赏了。当初因心疼他而反对的姐姐，也用行动来支持弟弟。

三十年坚持，传承甜蜜在心

刘理鉴说他的信念很简单：己所不欲，勿施于人。这是父母教他做柿饼，除了冷风、阳光之外，唯一的添加物，一定要有信用，也是强调东西一定要做得好才可以卖。幸福的滋味是传承的喜悦，也是达人的坚持。柿饼的甜美要经过努力和等待才能换得，而刘理鉴陪着柿子风吹日晒了三十年，新熟的柿饼滋味他最清楚，真的是甜在了心里。

美味导航

店名：味卫佳柿饼观光农场

店址：新竹县新埔镇旱坑里 11 邻旱坑路一段 283 巷 53 号

电话：03-589-2352

营业时间：8:00—18:30

网址：https://www.facebook.com/pro.Persimmon

网购多汁肉干

香甜肉汁爆浆，美味宅配到府

好吃肉干肉不干，口感鲜嫩多汁

当大锅炉开始转动，香喷喷的卤汁酝酿着，肉片加入后，酱汁会熬煮得更甘甜，然后放入中药跟一些辛香料调制。这家肉干最大的特色是，卤汁由天然食材调制而成，又用高汤当秘密武器，味道才不会死咸。爆浆牛肉干是经典招牌，全采用澳洲进口的嫩肩膀肌肉，一头牛只有两条，做成肉干大概只有两三斤，用的是比别人大两倍以上的炒锅，让肉在炒锅里充分自由翻转，酱汁更快入味，受欢迎的程度是，一天就卖了好几万包。

网购超人气肉干，月营业额破百万

炒好后的肉片铺在菜上，放进机器收汁入味，牛肉干才会爆浆，这漂亮的酱汁色泽，肉干不但薄，还能随着纹理细细撕开。曾经有网友下单后等了好几个月才吃到。肉干分为熟炒跟生烤两大类，接着这一根根状似筷子，正在烤箱里来回翻烤的也是店内的人气王筷子肉干，而它最早的起源是为了卫生。但是在开发阶段老板阮启伟跟其他人想法最大的不同是，过去卖东西是产品出来后才决定怎么卖，他们是在产品开发的中后期，就导入营销的概念，像筷子肉干，它的台语叫筷子肉，也叫猪肉干。

肉干赚钱吸金术，造型口味玩创意

年轻人发挥创意，想到肉干光好吃是不够的，要突破造型还要重视卫生，因此除了接单现做，强调新鲜，肉干先切后烤外，酒精竟然也是一大配备，肉干没有添加防腐剂，为了要降低它的生菌数，所有会碰到肉干的东西，都要先用酒精杀菌。

证券业情侣档，转战肉干业

年仅三十五岁的情侣档阮启伟、蔡妹君，爱情长跑十几年，为了阮启伟的创业梦，他们终于有勇气转战到肉干业，老板说：“其实父母都觉得穿西装做的工作，

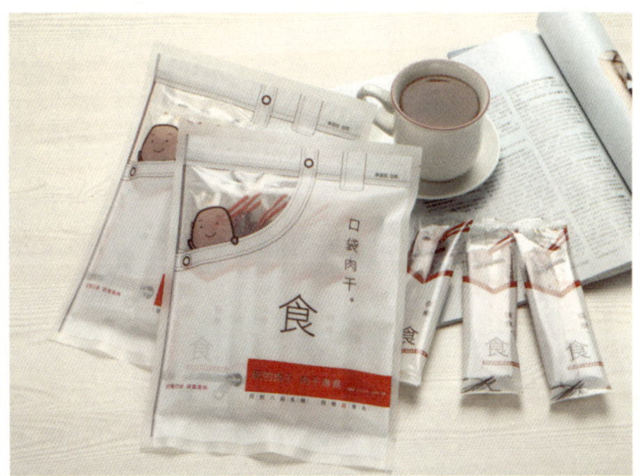

会比较长远，这样自己出去创业，万一做不起来会怎么办。因为家里就是跟做肉制品有关，以前当营业员会送客户礼品，客人反馈都还不错，想说用自己家里面的东西送，就不用花预算了。”现在把肉干做成婚礼礼盒的情侣档老板，却对结婚还不急，笑说只是时间问题，小两口合作创业，从最早只有两个人开始，到如今拥有将近上百坪厂房、十五名员工，并且还将扩厂。坚持质量，筑梦踏实，让他们品尝到了最甜美的果实。

美味导航

店名：阮的肉干

店址：新北市三重区重新路 4 段 27 号

电话：02-2980-5576

营业时间：13:00—17:00 例假日休

网址：http://www.beefpro.com.tw

红砖头布丁

外型美味都兼顾，意外招揽人气

方形烤布丁，网购人气旺

满满的新鲜鸡蛋，用料毫不吝啬，但第一关就有经验门槛，打蛋可不能美得冒泡，打到起泡，口感就没那么绵密，鸡蛋打到均匀再加入鲜奶油就可以增加滑顺口感。倒进牛奶时牛奶和鸡蛋的比例，是另一个关键，蛋放太少不够香醇，加了太多口感又会偏硬。

修改上百次，只为好布丁

做了三年左右，一款烤布丁配方做法至少修正了上百次，让一起工作的同事很抓狂，郭峰成说：“对一般消费者，只是好吃不好吃的问题，但是对我们专业的来讲，差一点儿点就差很多。”这敏感的舌尖味蕾不只是出自糕饼师父的专业敏锐度，还因为台南人对食物的挑剔品味。

台南烤布丁，口感超绵密

随着耐热容器送进一百三十度烤箱，半小时后，刚出炉的烤布丁倒在盘里流泻金黄焦糖，让人垂涎欲滴，仿佛是婴儿肌肤吹弹可破。飘着浓郁鸡蛋香气，口感滑顺Q嫩，这完美的半手工制作，才是台南人认可的合格布丁，绝对非大食品厂的工业化流程能够统一做出的美味。没有店面、广告，完全透过网络宅配红遍全台湾，光是布丁年营业额就逼近两千万台币。一切看似顺利，但这可是郭峰成几经波折，放弃了原本的一切才有的成果。

放弃一切，只为入厨房

二十五岁时郭峰成就已经是个拥有自己面包店的师傅，后来为了满足长辈的期望，改行投入汽车零件业，也做得有声有色，但他始终忘不了对厨房的眷恋和烘焙的热情。三年前开始利用工作空当制作甜点，在网络上贩卖当作副业，没想到大受欢迎，刚开始只是当作兴趣来经营，后来就是无心插柳，又以布丁最旺，于是主攻单一项目专做布丁，后来干脆结束汽车零件事业，投入厨房重新做起。旁边的人都问他是不是疯了，但他说专注于自己的兴趣，才是人生乐趣的起点，鱼与熊掌不可兼得，进而决定收掉一边的事业，他说：“那时候我等于把自己逼到一个绝境，因为后面也没有退路，但唯有这样把自己逼到没退路，才会尽所有的力量，把这个事业经营好。”

依兴趣前进，找人生乐趣

尽所有的力量专注于布丁烘焙，郭峰成中年转行，人生转弯，不只追求财富，更在乎自我实现，砖块形状的布丁，反射着甜蜜滋味，也是构筑人生成就的大金砖。

美味导航

店名：红砖布丁

店址：台南市安南区同安路 195 巷 98 号

电话：06-2568106

营业时间：周一至周五 09:00—20:00/
周六 09:00—18:00（周日休息）

网址：www.redbrick-pudding.com.tw

人气奶酪丝

三人小公司，拼出全台团购美味

小小奶酪丝，引发团购热潮

引爆全台办公室疯狂团购的零食，来自员林一家超迷你的休闲食品公司，年前为赶出货，工厂变成了战场，人气产品奶酪丝，一天最少要做上千公斤。工作人员忙到没时间抬头，因为生产过程都要手工，奶酪丝解冻之后拔丝的动作，只能用手工来做，机器无法取代，所以这过程是最繁复的一个步骤，烘烤也不是一次烤定，烤一个半小时之后，要拿出来帮奶酪翻身，再送进去继续第二阶段的日光浴，一道又一道的制作工序加起来八个小时跑不掉。

六年级后段老板，创业只有两人

老板洪嘉男是六年级后段班的型男，原本在广告公司上班，他和朋友逛年货大街，突然让他有了创业的念头，听到年货大街

在招商，就和几个朋友去试看，一个礼拜过后找了近四十个商品，开始试吃和品评，发现这产品很有特色，就开始去跟年货大街的摊商来洽谈。

虽然一个大男生去卖零食家人很不看好，但是他立刻辞掉工作，回彰化老家租了小办公室，找了一个员工，两人开始打天下，四处寻找货源，每天吃个不停，在包装货品的时候也必须得要吃产品，看它们有没有口味上的变化、有没有维持一贯的质量，他笑说："我们每个同人这几年来公司上班，都觉得变胖了。"

营销广发试吃包，客源稳定上升

起初两年都没有赚钱。尽管订单增加得有点缓慢，洪嘉男却看见顾客的成长曲线，决定继续拼下去，第三年团购终于出现好成绩，接着台北知名商场的零食精品柜也邀他进驻。现在洪嘉男的零食种类已经多达八十几种，员工变成三人，只有赶货的时候，才会找临时工。这几年南北各地的年货大街，都希望洪嘉男可以加入，但是工厂光是年前网购的庞大订单就已经做不完，年轻老板坚持：宁愿少做一点儿，质量绝对不能马虎。因为消费者的嘴很挑，吃一次不满意，就很难挽回。

期许自产自销，未来打入国外市场

至于未来的前景，洪嘉男希望有朝一日能盖自己的工厂，最好还可以外销。不过梦想归梦想，现在他最急需的，还是把年货赶出来，希望顾客喜欢的这一味，在年节桌上不会缺席。

美味导航

店名：原味千寻

店址：彰化县员林镇员水路二段421巷80号

电话：04-833-3215

网址：http://www.daintiest.net/

萨其马始祖

甜而不腻，爽脆而不黏牙

用料不马虎，爽脆靠功夫

鸡蛋一颗接一颗，阿智师傅正准备制作萨其马。新鲜鸡蛋搅拌五分钟，接着倒在高筋面粉上搅和、揉捏、压实，面粉才能够劲。动作熟练，阿智师傅一手好功夫，面团按摩整形二十分钟之后，经过一晚发酵就可以进行塑身，压成面皮。厚薄度要抓到适中，这时候就是要靠师傅的经验。鸡蛋面条下油锅，仿佛魔术一般迅速膨胀，师傅得眼明手快，翻个几下、马上捞起沥油冷却，这是保持萨其马酥脆不油的关键。接下来另一个重头戏跟着登场，师傅熟练地抓起晶莹剔透的金黄麦芽糖，淋上东台湾特产的洛神果酱和着白糖一起熬煮让它组合成块，等到一锅美丽的鲜紫色散发甜香，黏成酥松香脆甜中微酸的洛神萨其马，这是老花莲人都知道的在地滋味。

七十年老店，在地人才知的秘密滋味

现在的老板朱家慧的外公邱庆春，七十年前刚到花莲，从推一台推车卖花生糖做起，手艺受到肯定，后来研发了酥脆式的油炸面条点心，成了台湾的萨其马始祖，在物质享受不多的年代大受欢迎，甚至成了空军飞行员到花莲出任务必买的团购美食。光是卖萨其马、雪花饼还有养生饼就忙翻天，生意比现在的花莲麻糬还要好。

休息二十年，第三代接棒

看到第三代不愿接棒，朱家慧的母亲只好拉下铁门，放弃父亲开创的大好事业，只在每年中秋节卖雪花饼才能让老主顾解馋。七十年的滋味随时可能中断消失，后来朱家慧终于拗不过母亲的游说，接下棒子，老店新开，在母亲的指导下，朱家慧找回了传统口味，老做法也不断创新、寻求突破，外公有招牌萨其马，她也想创立自己的新口碑。

开创新口味，擦亮老招牌

沉寂了二十年的厨房和店面，在朱家慧的努力下慢慢恢复了生气，曾经消失的台湾第一味，接下第三代棒子，朱家慧算是填满母亲心中的缺憾，但她自己还没满足，她说现在提到花莲名产，大家想到的是千篇一律的麻糬，朱家慧最想做的是卷土重来，再次打响老招牌，重现外公当年创造的荣景，她要让大家知道，花莲不只麻糬好吃，这里更是萨其马的故乡，隐藏着台湾第一的好滋味。

美味导航

店名：庆春号饼铺

店址：花莲市中华路 311 号

电话：03-836-2005

营业时间：08:00—22:00

网址：www.kingtex.com.tw/8362005

祈福牛轧糖

工程师卖糖，口味用心取名吉利

工程师媒体人转行，回乡卖牛轧糖

两个大男生的牛轧糖叫作神茗保柚，茗是绿茶，柚是柚子，吃起来有种特殊的清香。趁着做糖果的空当，两人还把每一张包装上的小吊卡拿去行天宫过香炉，为买糖果的顾客祈福。除了神茗保佑，还研发了杏福莓满，杏仁加蔓越莓，激荡出酸酸甜甜的爱情滋味。喜糖的小吊卡当然也要加持，大男生又跑到月下老人庙，诚心祝福新人白头偕老。一年前他们的行业和现在做的完全不相干，林怡杰是科技大厂的资深工程师，王正宏是媒体的专栏作家，离开原职场的理由都是因为父母亲。

制糖工厂第二代，研发开运牛轧糖

林怡杰父母做了一辈子的糖，做儿子的看了很不忍心；而王正宏的爸爸先走了，为了照顾妈妈，两个男生商量后决定一起接手怡杰家的制糖事业，在工厂跟着爸爸学技术。光是搬原料就练出一身肌肉，以前在旁边看无法体会，下去做才明白辛苦，研发过程中倒掉很多也吃掉很多，他们笑说：“有现在的成绩真是神明保佑。”

牛轧糖躺在平台上，要趁热趁软的时候整形切割，形状才会好看。两人也不时脑力激荡研发新品，杏福莓满灵感就是来自朋友的婚礼，他们说：“那时候就想不如自己手做一份礼物送给人家，觉得可以用杏仁跟蔓越莓来代表心意。当他们收到这个礼物时的反应很开心，令他们很有成就感，就觉得这产品是可以上市了。”所以每种糖果都有名字，像杏福莓满、神茗保柚、杏运核格。

营销广开通路，牛轧糖订单爆满

用谐音让牛轧糖变成开运糖，果然吸引消费者的注意。两个年轻人靠网络打出知名度，擅长营销的王正宏找来客人试吃，建立开运牛轧糖的口碑，结果过年前订单暴增，他们大概一个礼拜没有上床睡觉，都是在工厂里面度过，初试啼声就有如此成绩，正宏觉得冥冥之中爸爸在眷顾着他。怡杰和正宏希望自己的人生经验，能鼓励更多的年轻人接下家中的担子。来到庙宇拿着小吊卡为顾客祈福的同时，他们也向神明祈求父母平安健康，因为没有任何愿望比这一个来得更重要了。

美味导航

店名：幸守糖 Wishcandy

电话：0920-135-403

网址：facebook.com/wishcandytw

e-mail 订购：wishcandytw@gmail.com

纯蜂蜜蛋糕

有机蜂蜜蛋糕，天然不加工

采蜜有方法，天然不加工

打开蜂箱，三四万只的西洋蜂在上面钻动，这可不是一般人可以随便尝试的事情，李丽玉和李福凉可是练过的。养蜂二十多年，李福凉对蜜蜂的习性一清二楚，他拥有一千多箱的蜜蜂，拥有岛内规模最大的养蜂厂，最厉害的是，李丽玉光看就知道今天是个丰收日。她说："很多蜜蜂鼓着翅膀开始在扇风，蜜蜂扇风有两种情况，一个可能是里面很热，第二个就是里面的蜜很多，蜜蜂要把水分抽出去。"果不其然，把蜂蜡割开，香纯的蜂蜜立刻流了出来，接着把开封的蜂巢片，放进离心脱水机，晶莹剔透、在阳光下闪耀黄金光泽的精纯蜂蜜就采集完成了。

自然有机纯净，产出高层次口感

花莲光复乡这块蜂场，百分百有机蜂蜜产区，整片的野花咸丰草，是最好的百花蜜来源，蜂蜜本身就有层次感，植物越多层次感越丰富，香味也更多，过滤之后不用加工就可以直接食用。而割下来的蜂蜡，则是采蜂人独享的滋味，浓稠的蜂蜜入口，花香中有果香，层次分明让味蕾惊艳。

女性评蜜师，李丽玉独一

两人都是养蜂世家第三代，理所当然投入养蜂事业，爱蜂成痴的李丽玉在先生的鼓励下，一路念到了蜜蜂博士。太太走学术路线，李福凉则是实战派，经验累积无人能敌。蜜蜂的飞行距离有限，养蜂人得跟游牧民族一样逐蜜源而居，夫妇俩为了更稳定、纯净的蜜源，举家搬迁到花莲。因为本身罹患红斑狼疮，李丽玉积极推广无毒农业，她说环境好不好，蜜蜂第一个知道，蜜蜂非常灵敏、耐毒性非常低，是环境的指标。三代经验和学术理论相互应用，李丽玉的蜂蜜得奖无数，而她也多次获选蜂蜜比赛的评鉴师，还获得十大农业青年的殊荣。

纯蜂蜜蛋糕，奢华好滋味

李丽玉的儿子李仁杰，专攻营销和研发新产品，最受好评的产品是纯蜜蛋糕。土鸡蛋、纯蜂蜜真材实料烘焙出来的蛋糕，软绵扎实甜中带香，光是卖蜂蜜和蛋糕，就让他年收入破千万。而他们还有更大的愿景，因为是农民出身，要怎样让养蜂业更有出路，这也是李丽玉和李福凉两人的梦想，虽然看天吃饭常常遇到台风，把心爱的蜂巢打得七零八落，但为了那一口甜蜜滋味，一点儿苦和涩算不了什么。

美味导航

店名：蜂之乡

店址：花莲市中央路四段 10 号

电话：03-856-0077

营业时间：08:00—20:30

网址：www.bee-pro.com

幸福千层蛋糕

网购蛋糕第一名，果粒奶油多层次

层叠鲜果加奶油，千层口感卖相足

一层奶油、一层蛋皮，堆叠中还包裹着大颗芒果粒，这款夏天限定的芒果千层蛋糕跃居网络蛋糕人气第一名。网络黑马的背后，是三位男士的联合创作，负责销售的廖宪平稳重踏实，直接面对客户的吴天能善于观察，专门研发口味的周正捷总是天马行空，胆大心细。最初开发千层蛋糕时，他们光研究内馅的重量跟蛋皮的层数就花了快三四个月。周正捷是做传统蛋糕起家，三年半前加入新团队，才开启他的创意千层蛋糕，他在千层里面加入水果馅料，像是泡了白兰地的黑樱桃或者是正当季的芒果，在提拉米苏口味上做小改变，别人用海绵当夹层，他改用蘸了咖啡液的手指饼当夹层，这样的搭配更展现提拉米苏的风味。

完美比例金黄蛋皮，口感入口即化

蛋皮制作的难度在于机器火候的控制还有比例，成功的蛋皮做出来入口即化，失败的嚼起来就像橡皮筋。做布丁起家的廖宪平，九年前从日本买来这台蛋皮机，当时只是专门生产蛋皮，供应给知名咖啡连锁店，没想到在超级经销商吴天能的牵线下，促成了和千层蛋糕的合体，从陌生到熟悉、从争执到信任，三位男士，开始了他们的美味计划。

四个愿望一次满足，拼盘蛋糕热销

吴天能这位专门和客户打交道的经销商，最能抓得住顾客心理，于是他举办网络票选，要网友选出最喜欢吃的口味，然后将它们拼装组合起来，一次可以吃到四种口味，既划算又有满足感。这拼装蛋糕一经推出，订单就如雪片般飞来，把同业打得落花流水。但也不是每次都成功，像是焦糖杏仁口味在销售数字上就吃了大鳖，客人反映太甜，只好忍痛下架。也曾一度因为爆量赶不出货，让三个人在母亲节当天说出的对不起，比出生到现在的次数还要多。

网络票选第一名，三人叠出第二春

成功来自一次次的失败，现在一口咬下，这千层蛋糕的口感层次全都跑出来，再加上各种当季水果搭配，甜而不腻的惊奇感，在三位男士打造的美味厨房里，千层蛋糕不只是单纯的千层，而是堆叠着人生第二阶段的创新和再出发。

美味导航

店名：塔吉特千层蛋糕

电话：02-88113315

网址：www.touched.com.tw

八宝年糕

纯古法制作，逢年过节热销的传统甜点

超澎湃八宝年糕，做工细微烦琐

莲子、百果、松子等八种真材实料，看似丰富但制作却很磨人，坚果类讲究油温，所以要用慢火炒香，工作程序复杂。老板汪国治说因为年糕是很传统的东西，要做得跟别人不一样，就得在细节上更讲究。将糯米团蒸好后，所有的材料备妥倒入缸里，才能一起搅成扎实弹牙、澎湃丰富的八宝年糕。

心疼年迈母亲，年糕店第二代接班

这些烦琐但是不能简化的制作过程，汪国治从小就看着妈妈没日没夜地做，逢年过节几乎都和年糕睡在一起。而他这个在市场里长大的孩子，长大后念了物理系，梦想到半导体产业工作，妈妈说她早年在市场工作被人看不起，所以也巴望儿子长大后能够离开市场。但看见妈妈年纪大了还有一身职业病，他舍不得母亲收掉拼出来的老字号，于是不顾妈妈反对，坚决接下棒子。

丈夫离世独养幼子，做年糕扛家计

做了将近半个世纪的年糕，老板娘王丽珠当年因为走投无路，才把记忆中母亲的味道当作救命工具。结婚短短几年，丈夫就因为肝硬化离世，当时儿子四岁，女儿则还在肚子里，于是她生完女儿后没坐月子就要工作，王丽珠说那时候她还欠菜市场一些租

金，越欠越多，有时甚至会想不开，但想到两个小孩嗷嗷待哺，只好咬牙撑过去。

无力负担市场租金，写信求助蒋经国

王丽珠和先生原本在市场经营杂货店，家里的男人不在了，杂货店生意也一落千丈，眼看店面要被收回去，情急之下只能写信求助当时的“行政院长”蒋经国，这才暂时保住了房子，而为了活命她开始做年糕发糕。起初因为技术不好，还差点把市场烧起来，还好靠着累积经验再加上天分，她的年糕渐渐从市场打响名气，红遍台湾。

努力活在当下，撑过市场悲喜岁月

回首大半辈子，最坏最好的日子都在市场度过，王丽珠说以前不敢想未来，现在不敢想以前，只能活在当下才撑得到今天。如今传统市场渐渐没落，摊商接连关闭，但割舍不下这份情感，王丽珠执着地守着这里，执着地用古法制作传统米食，还好母亲舍不下的情做儿子的懂了，于是丽珠的年糕依旧甜在台中人的嘴里和心里。

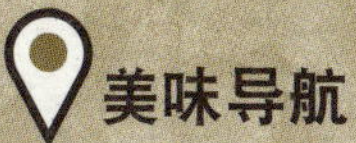

店名：富山珍米食之家

店址：台中市三民路三段 214 之 16 号

电话：04-2233-1601

营业时间：06:30—13:00（周一休息）

平价美味肉包

皮弹馅扎实，一口咬下富含人生味

屋毁欠债不低头，包子包出新天地

每天热腾腾的包子出炉，总是以秒杀速度被买走，十几种口味通通只要十块钱，客人一买至少十个起步。老板陈铭钦熟练地又摸起面团揉个两三下，刷上奶酥酱再卷起来，面团这时候就像条长龙般，刀子一划，一颗颗奶酥包就变了出来；而后方工作台，一群女将们正卖力地包包子，一个包子一定要有十二个褶，这番景象，完全就是个家庭代工大本营。还带点稚气脸庞的陈雪如才三十岁，却已经是四个孩子的妈，当年她十七岁，不顾父母反对为爱走天涯，硬是嫁进在宜兰山上种果树的陈家。

离家为爱走天涯，穷到吃泡面度日

山上的日子很辛苦，陈雪如倒很能适应，不仅满山跑，忙着种果树，还在省道旁卖水果，独创爆笑又灵活的叫卖法，总是让自家水果销售一空；但好景不长，甜蜜的果实才尝个两三年，就变成最苦涩的滋味。一场无情的纳莉风灾，把陈家在山上的果园和家园全部摧毁，生财工具没了，就连落脚处也残破不堪。为了生存，一家人只好来到台北打拼，但屋漏偏逢连夜雨，公公的心脏出状况，现金卡借来的医疗费，再加上房贷还有果园欠下的债务，让他们成为欠下七百万的卡债一族。

铜板包子热卖，努力杀出活路

上有长辈，下有嗷嗷待哺的小孩，每天还有不断增加的债务，做临时工不是办法，干脆回宜兰，跟叔叔学习怎么卖包子。开业时遇到经济不景气，当大家包子都还卖十二块时，她却降价只卖十块钱，结果引发一阵抢便宜旋风，知名度因此打开。

店内招牌口味就是肉包，而做肉包，陈雪如夫妇必定选用香气十足的三星葱，切好的葱还要下油锅去炸，逼出水分的过程，厨房里已经充满着浓浓油葱酥香气。爆葱是技巧，要将它爆到有点焦又不太焦，这才是最佳入馅时机，最后将它和比例合适的肥瘦温体猪肉搅拌在一块，就成了青出于蓝更胜于蓝的肉包，光是这一味，每天就要卖出好几百个。手指头尽管曾经被机器搅进去过，现在变短也不能弯，但这却成为她前进的力量。

曾经，婚姻的坎坷、天灾的无情、现实的冷暖，这对夫妻都把它包进包子里，但现在所有的艰难，早已经被这乐观完全地攻“馅”了。

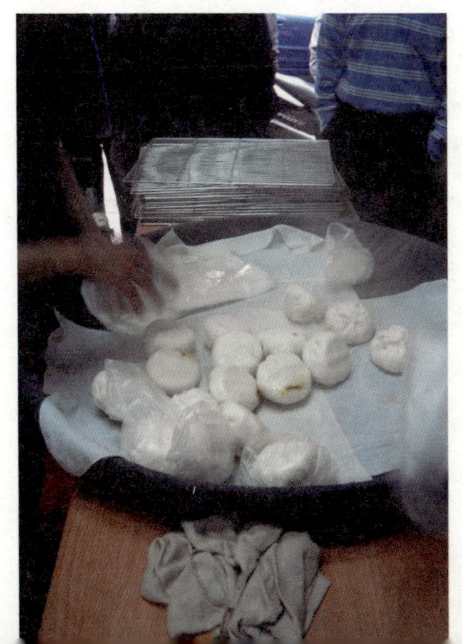

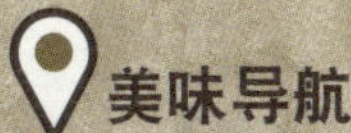

美味导航

店名：宜兰土包子

店址：新北市莺歌区文化路 128 号

电话：02-8677-6498

营业时间：08:30—19:00（周四休息）

网址：www.0286776498.com

爆浆红豆饼

独特内馅口味，特色创商机

有料重生红豆饼，爆浆口味独特

饱满爆浆的红豆饼每到放学下班时间，两坪的店面前总是挤满了人潮，还有香港客人专程打包要让亲友分享这不一样的台湾味。动作熟练煎着红豆饼，一次十分钟只能做二十四个，要应付一天将近两千个需求，老板娘杨郁艺和伙伴的手几乎停不下来。一个卖二十元，价钱是外面的两倍以上，杨郁艺骄傲地说，她的红豆饼好吃不止别人的两倍，而其中的关键就在于比别人更有料。

料好下重本，红豆饼走精致路线

距离店面几条巷子的厨房里，杨郁艺每天早上就得准备当天要卖的食材。要做好吃的东西，就必须要在食材上严格把关。红豆饼的基本款奶油内馅，陈文发用的是新西兰奶油块和比利时的奶油粉，制作过程不加一滴水，用的全是鲜奶，才有百分百的顺口浓醇香。老板说："一分钱一分货，食材用得比较高档一点儿，当然出来的产品吃起来就比较顺口。"

昔日零件批发商，栽入股市惨赔

一天几万块的营业额，对小吃业来讲算是不得了，不过这个数字以前陈文发根本看不上眼。经营机车零件批发，十几年前还曾经是股市大户，当时的陈文发其实对股市没什么研究，凭着好运气初尝甜头，

于是把所有的心思都放在起起伏伏的数字上，沉迷于金钱游戏荒废了本业，没想到遇到了金融风暴，人生差点走上绝路，还好当时有太太的鼓励陪伴，陈文发才有振作的勇气。

妻子不离不弃，让他寻找生机

想重新出发，只能做小吃生意，于是想到了卖自己爱吃的点心，从来没下过厨房的大老板，放下身段拜师学艺学做红豆饼。刚开始学煎饼煎得很丑，太太陪伴在他身旁，没有责骂只跟他说慢慢来。

为了做出特色、杀出重围，陈文发不断实验，把各种材料做成内馅，把店面设在台北市最繁华的捷运忠孝复兴站附近，人潮就是钱潮。除此之外走高质量路线，锁定商圈附近的上班族推出外送服务，策略一举奏效，透过口碑宣传，生意如潮水般绵延不绝。

美味红豆饼，掺杂人生甘苦味

好吃的红豆饼吸引了不少人想加盟，不过陈文发吸取教训，不盲目乱冲，为了质量暂时推掉赚钱机会，东山再起的红豆饼，跟陈文发的起落人生一样，有料踏实就有滋味。

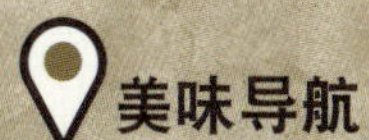

美味导航

店名：同心圆水晶红豆饼

店址：台北市大安区复兴南路一段 133 号

电话：02-2777-4477

营业时间：平日 10:00—20:00/ 假日 11:00—20:00

网址：http://crystal-pancake.com.tw/

古早味咸蛋糕

复古妈妈味，香甜入心窝

妈妈牌手工蛋糕，彰化巷弄飘香

阵阵香味从彰化小巷弄里传出，只见顾客们一脸陶醉地试吃手工蛋糕，绵密又不甜腻的好滋味让大小顾客一口接一口。张妈妈说为了蛋糕的质量，就连用的鸡蛋都比别人贵上一倍，而和好的面粉像丝缎一般滑顺地铺在肉臊上面，接着便放进烤箱，每一个步骤都尽心尽力做到最好，因为对张妈妈来说，能站在烤箱前等待蛋糕出炉，再送到客人的手中，真的是美梦成真。

打工存钱买烤箱，八年级生为母圆梦

原本在银行做清洁工作的她，长久以来最大的心愿就是拥有自己的烘焙坊，从少女时代时就对烘焙有浓厚的兴趣。有一天，才十九岁的儿子张芫榤，靠着半工半读存下的薪水，买了一台专业级大烤箱送给她，让她感动得当场飙泪。儿子张芫榤说，小时候爸爸当保人，结果朋友卷款逃跑，爸爸丢了工作，家里的房子也被拍卖，为了还债，妈妈只好到银行做清洁工，但从此妈妈的脸上就很少出现笑容，所以后来当他看见妈妈收到大烤箱欣喜若狂的样子，他真的很开心。

母亲烘焙儿子营销，母子档携手创业

收到儿子的超大礼物后，张妈妈兴奋了好几天，一开始还不

敢辞掉清洁工作，只先做了一些蛋糕送人试试“水温”，没想到刚好遇上中秋节，亲朋好友都来捧场下订单，母子俩只好日夜赶工，刚开始经验不足时两人的双手甚至还被机器给烫满了伤疤；而此后知名度立刻打开，虽然没有门市又隐身在巷弄内，客人还是找上门。芫樑还帮妈妈建网站、做营销、做宅配，甚至到各大公司行号发送试吃品，尽管经常吃闭门羹，他还是越挫越勇。

孝心为母圆梦，手工蛋糕更添温情

短短几个月，吃起来松软绵细像布丁一样的招牌黄金蛋糕一天可以卖到一百个，看到妈妈越做越起劲，客源也越来越稳定，芫樑又添购了新的冰箱，让张家母子的烘焙工作室是越来越有规模。除了伴手礼，现在还打入弥月市场，表现亮眼，所以张爸爸也加入了做蛋糕的行列。而母子俩的下一个目标，就是拥有自己的店面，让妈妈味道的手工蛋糕香味越飘越远。

美味导航

店名：稻香缘手工蛋糕

店址：彰化县福兴乡彰鹿路七段 543 巷 7 号（工作室）

电话：04-776-6258

营业时间：08:00—18:30

网址：www.bsy.com.tw

创意年轮蛋糕

独特外形，好吃好看又有趣

口感不甜腻，苹果年轮蛋糕红翻天

一颗颗模样圆滚滚，切开马上看见层层包裹的年轮蛋糕，里头可以是苹果口味，也可以是草莓口味，甚至是五彩缤纷的综合版，好吃又好看的苹果年轮蛋糕创造出一年数亿的营业额。尝过的顾客说，年轮的部分就像千层蛋糕一样扎实，苹果吃起来既脆又富含水分。

超费工苹果年轮蛋糕，一颗得做三天

想制作出一颗完美无瑕、口感扎实的苹果年轮蛋糕得耗时三天，师傅每天平均挑选将近九百颗苹果，再充分浸泡在糖浆里一天。为了烤出苹果年轮，师傅还得站在三百摄氏度高温的烤炉旁，一层层裹上面糊，工序繁复，一不小心手臂就会被烫出伤疤。而且他们在蛋糕形状上的要求非常严格，如果不符合规定，一律将蛋糕报销。

金控财务长夫妻，为圆梦转战糕饼业

总经理林怡梅跟丈夫王杰，因为一趟日本行，决定把特别的年轮蛋糕引进台湾。林怡梅说她的先生非常喜欢吃糕点，但隔行如隔山，转战糕点业的过程并没有想象中顺利，一开始日本的业者不愿意将技术外传，也不愿意把机器卖给他们。他们费了一番

功夫，多次造访日本业者，表达学习技术的诚意；甚至通过朋友帮忙，送师傅到日本进修接受考核，最后终于买到机器也获得了技术。

不放弃咬牙苦撑，研发台湾味获青睐

刚开始将苹果年轮引进台湾却不受欢迎，因为日本的甜度和台湾人的口味不同，日本人的口味让所有上门的客人大喊：太甜了！于是他们又砸下重金，用顶级果泥当食材，但初期却得不到消费者支持，生意十分惨淡，当时营业额一天甚至不到五千块，让他们一度得在早上兼卖早餐维持。所幸最后靠着师傅们的努力，将口味调整和研发新口味，一年后生意终于开始好转。他们还特别成立设计部门，制作新生儿独一无二的弥月卡片，甚至成立妈妈烘焙教室，请妈妈们免费来做蛋糕，进而让消费者了解店内使用的天然顶级食材，无形中提升了顾客对品牌的信心跟认同度，也创立出口碑。

传递幸福滋味，跨行出头天

从兴趣到实践，凭借着一份传递幸福团圆的坚持，从惨赔到如今年营收上亿元，他们总算开创出另一片天。

美味导航

店名：元乐年轮蛋糕专卖店

店址：台北市大安区新生南路一段 95 号

电话：02-2768-9769

营业时间：10:00—20:00（年节休息）

网址：www.ipie2.com

冰心奶冻卷

鲜奶香醇、内馅冰凉，浓郁滋味久久难忘

亿万身价奶冻卷，入口美妙

空气中弥漫浓浓奶香，宜兰罗东小巷工厂里正赶工奶冻卷。奶冻达人张智聪把低筋面粉和蛋黄一起送进搅拌机，而另一锅则是蛋白和细砂糖，只要将蛋白打到白皙绵密，就可以和蛋黄完美融合成光滑细致的面糊，而等待出炉的时间，张智聪忙着制作奶冻卷的另一个主角：奶冻内馅。采用纯鲜奶制作，将玉米粉、鲜奶和鲜奶油混合均匀，就是浓浓奶香的关键。

改良日味，屡失败不放弃

多年前张智聪和太太到日本时，吃到让日本人大排长龙的人气蛋糕卷，湿润绵密的海绵蛋糕，包着类似奶酪的内馅，张智聪靠直觉认为这在台湾一定有市场。于是凭着印象，回宜兰后每天在厨房做实验，但最难突破的是Q嫩有弹性的香浓奶冻，他尝

试所有能凝固的粉类却屡屡失败，但他不死心地熬了八个月，直到用玉米粉才做出想要的口感。配角奶油也不马虎，他比较过多种材料，最后才混合出完美比例。

偷拍达人，焦距锁定成功

国中毕业做过一年广告就转到面包店当学徒，张智聪很早就认识到没有学历就必须加倍努力，出人头地要靠实力，所以他把握各种学习机会，买书买食谱自己研究，很早就出师当师傅，还常常受邀到学校教小学徒。在研究出奶冻之前，他最常做的事就是带着老婆到处偷拍，他常要老婆抱着小孩站在饭店蛋糕柜旁，假借拍照留念实则偷拍人家的商品，就这样两年之内学习观摩再加以改良成为自己的东西，奶冻的研发才得以成功。

天助自助，美味天下知

十五年前创业开面包店前他曾向大甲妈求签，抽到一句签诗：十年寒窗苦修行。这仿佛是他打拼人生的最佳写照，他说三分天注定，七分靠打拼，自己付出了努力，自然上天就会帮助你。张智聪渴望成功，积极寻找出路，不轻言放弃，做出一举成名的美味奶冻，他比别人多了实力跟毅力，靠智慧找机会，用双手累积亿万身价。奶冻卷，包卷的是美味，也是不退让的决心。

美味导航

店名：诺贝尔食品有限公司

店址：宜兰县罗东镇公正路 188 号

电话：03-955-8389

营业时间：08:00—22:30/ 假日 08:00—23:00

网址：http://www.cakenobel.com.tw/

改良爆米香

古早零食结合创意，重现商机

米香变成手掌大，加料融入在地味

手掌大小的米香，有红曲、绿茶、巧克力，甚至是海藻、乌梅等等口味，五颜六色、酥脆口感、迷你尺寸，颠覆大家对传统米香的印象，再装进这个立体造型大红“囍”字盒里，不仅喜感百分百，还为米香带来了新生命。简许泉十年前开始教大儿子炸米香，没想到第一次还没炸成，手却已经先开花，在老爸严厉教导下，儿子跟着老爸的脚步，一次又一次地把米香炸到位。

就为讨金孙欢心，糕饼师改革米香

这对父子原本各有所职，简许泉做糕饼起家开面包店，还兼卖这个像脸一样大的传统米香，一开就是四十年。但是不敌潮流，生意被西饼店打得落花流水，正打算退休时，他发现不满一岁的孙子对他的米香特别有好感，为了讨好金孙，决定制作适合他吃的口味。既然是金孙要吃的，就不能太燥，而且要薄才好入口。用了大半辈子的猪油和色拉油，简许泉第一次想到要换成植物油，找一些对身体健康的食材，尺寸也由大饼脸，变成手掌般大小。怀旧甜点意外有了新生命，两个儿子和女儿都觉得有新意，兴起打拼念头，于是纷纷辞去工作回家重起炉灶。

儿子女儿接家业，炒糖品糖练功夫

弟弟学的是老爸炒糖和品糖的功夫，高温的糖瞬间丢入水里降温，然后凭着手感去感觉它的熟度。而他掌的炉也是厨房里温度最高的地方，有三百摄氏度高温，他开玩笑地说："其实做米香可以减肥，回来做一个礼拜就瘦七公斤了。"馅料和糖充分搅拌后得立刻装模，这些动作都得和时间赛跑，慢个一秒钟，米香就会变得硬邦邦，既塑不了型，吃起来的口感也不够脆。

自家山上种果树，原料制作不假他人

在严师指导下，出了两位高徒。米香口味不断创新，像是结合在地的海藻、丁香鱼、樱花虾、黑糖等二十多种口味。改良的米香更一举打进郭台铭和曾馨莹的世纪婚礼。人手一个米香吃得津津有味的同时，童年的记忆也浮上心头，任谁也没想到，当年的一段祖孙情，意外让快要封存的口味，走出新局，更通过创意包装走进伴手礼市场。

美味导航

店名：基隆泉利米香

店址：基隆市信义区信二路 219 号

电话：02-2423-1698

营业时间：09:00—22:00

网址：ricecookie.com.tw

创新夯鱼荖

鱼浆米荖创意结合，咸甜口感受欢迎

相扑选手大改行，创意麻荖另辟战场

下着冬雨的金山乡，老街忧忧郁郁的，但是这个卖鱼荖的小摊还是很热闹。鱼荖是什么呢？其实就是创意版的麻荖，想出这种新兴零嘴的是这位曾经是相扑选手的曾文峰。既然是鱼荖，主角当然就是鱼，这个是旗鱼跟鲨鱼的鱼浆，新鲜鱼绞肉加上糯米，搅拌均匀之后撒上面粉，切成一小块一小块，接着拿进锅里炸到金黄色。下了油锅的鱼荖，膨胀后变得白白胖胖的，起锅以后再倒进第二锅，在热乎乎的麦芽糖里均匀地裹上糖衣，这样还没结束，现在要蘸的是杏仁肉纸。

现烤肉纸做蘸料，创意麻荖真材实料

刚刚烘烤好的肉纸薄脆酥香，曾文峰把肉纸拿来当蘸料，就连老板听了都直呼太浪费，除了杏仁肉纸，还有樱花虾、辣味鱼干、海苔等十种口味，对于材料曾文峰很舍得花钱，他相信客人

绝对吃得出来。刚开始还在研发阶段的时候，他试过最少三十种千奇百怪的蘸料，像是辣到睁不开眼的芥末等等。

照顾生病父亲，相扑选手返乡创业

话不多的曾文峰是七年级的害羞男生，大学念的是体育系，也是柔道冠军，毕业后到澳洲工作，原本打算留在国外发展，但是饱受糖尿病折磨的父亲突然视网膜病变；而在金山老街卖木屐的母亲，生意也越来越差，想想老街最有名就是鸭肉跟麻荖，干脆等儿子回来让他去学做麻荖。

改良传统麻荖，金山老街创新商机

身为长子，文峰决定一肩扛起家里的责任，最开始一颗蛋都不会煎的他，到处拜师学习做麻荖，东西是做出来了，但还是比不过老店，所以就想要研究出自己的东西。一年后决定自创风格、区隔市场，研发以鱼肉为基底的咸麻荖。从前没有人有过这种做法，咸中又带点麦芽香的特殊口感，一推出就大获好评，在金山一片卖麻荖的老店中杀出了生路。过去卖木屐的曾妈妈，现在改卖麻荖，销售功力一样犀利，母亲在工作中找到了成就感。父亲也因为儿子在身边照顾有了依靠。文峰的弟弟，看到哥哥为家庭牺牲自己的兴趣，于是也跟着加入制作团队，兄弟俩在车库改造的工作坊中，守住一个家，至于那个遥远的澳洲梦，害羞的相扑力士淡淡地说："那个以后有的是机会啦！"

美味导航

店名：金山曾亚米鱼荖本铺

店址：新北市金山区金包里街76号（对面）

电话：02-2498-8343

营业时间：平日09:00—18:00/假日09:00—20:00

孝心蛋白糕

零胆固醇无负担，天使蛋糕轻盈诱人

蛋白蛋糕红，日卖上百个

外形看起来不太起眼的纯蛋白海绵蛋糕，是最近两三年的热门宅配商品，老板张凯渊得凌晨四点上工才能应付每天上百张的宅配订单。低筋面粉、清水和色拉油一起搅和，张凯渊全手工两三下就完成了，等到面糊变成流动的白色涓丝瀑布，要见好就收。接下来把蛋白倒进搅拌机加入酸粉，打到让蛋白白泡泡幼绵绵，再把发泡的蛋白和刚刚打好的面糊一起搅和倒入蛋糕模子，就可以送进烤箱等待出炉。

无奶油装饰，顺口不简单

蛋白蛋糕完全用蛋白制作，本色口味色泽洁白，就像是纯洁天使，难怪有人叫它天使蛋糕，因为完全不使用任何奶油装饰，低脂、低热量、胆固醇为零，比一般的蛋糕健康养生，在美国很受欢迎。不过也因为都是蛋白容易凝固干涩，要做得好吃就很考验师傅的功力。

求生当卡奴，母亲一路挺

张凯渊原本是面包师傅，十年前遇上经济寒冬，为了生活办现金卡借钱度日，最后欠了两百万元。妈妈给他一点儿钱，让他去买材料，因为妈妈想要送礼，他就想到妈妈洗肾不能吃高油脂的产品，那就来做蛋白蛋糕，张凯渊说：“其实我妈妈暗地是想说，借由这个让我有信心一点儿。”

遇 SARS 推广不易，泪往肚里吞

那时母亲每两天得洗肾一次，于是张凯渊制作清爽的蛋白蛋糕让母亲解馋，加上是母亲要吃的，他做得比别人用心，逐渐打出了名号。然而蛋白有腥味，所以一定要做水果口味去压制腥味，腥味不好处理加上蛋白成本高，市面上的生产者不多，他和老婆商量，干脆把面包店收起来专攻蛋白蛋糕接宅配订单，刚起步时每天做十个蛋糕，到办公大楼做试吃推广，没想到一开始就碰到 SARS 来搅局，有时张凯渊还得忍受冷嘲热讽，还好有家人的鼓励支持，让他咬牙硬撑熬过了难关。

谨记母叮咛，人生负转正

桃园以北他坚持亲自送货，除了可以直接面对客人听听意见，最主要的是要确保客人都可以在当天吃到他的新鲜蛋糕。靠着口碑和网络相传，张凯渊卖别人不做的蛋糕，人生由负转正，虽然母亲已经在几年前离开，但是留下的启发让张凯渊受用无穷，吃下一嘴柔嫩滑顺，这是张凯渊最难忘最深刻的妈妈滋味。

美味导航

店名：顺谥健康蛋糕有限公司

店址：新北市莺歌区莺桃路 319 号

电话：02-2679-2908

营业时间：平日 11:00—18:00/ 假日 11:00—15:00

网址：sites.google.com/site/c0226792908140/

人气蜜麻花

甜咸交杂的传统零嘴，令人一口接一口

香葱蜜麻花组合，彰化小镇人气特产

裹着麦芽糖浆的蜜麻花，闪动着黄金般的色泽，目光还舍不得从眼前的甜蜜移开，大把大把的青绿香葱又纷纷撒落下来，老板吴荣进一层又一层猛撒，这可是老店的招牌产品，用料绝对不能省。甜咸交杂，吃不腻又停不下来的好滋味，让吴荣进的蜜麻花一炮而红。

酥脆香葱蜜麻花，纯手工耗时费工

蜜麻花要好吃，每个步骤都得讲究，大概要压个五六次以上，丝绸般的面皮层层叠叠，一共要叠六层才能开始裁切，蜜麻花要薄脆适中，厚度、宽度都得按照木板量尺进行规范，如此一来后续作业才能顺利进行。接过了面皮，“编织部队”开始帮面皮编辫子，要折整齐，这样做麻花辫才会漂亮，炸出来的形状才会好看。编织大军有男有女有老有少，都是左邻右舍，谁家缺了份收入或者在家没有伴，吴荣进都欢迎一起加入。

蜜麻花现做现卖，彰化小店传口碑

其中年纪最大的是吴荣进的妈妈，她身体依旧硬朗，斑驳的双手打结速度飞快。吴家世代务农，吴荣进国小毕业后就开始学做糕点，退伍后开了间零食饼干店也做蜜麻花，最初他只做花生和芝麻口味，用本土的花生粉撒下来的时候，花生香弥漫空中，后来靠着独家研发的香葱蜜麻花，让小店渐渐打出知名度。吴荣进很坚持现做现卖，而且每一个步骤都要手工，这手工的东西没有办法大量生产，可他宁愿做少一点儿把质量顾好，也不要让数量毁了质量。

古早味零食走红，成为排队商品

这十年蜜麻花的复古滋味再度走红，眼看商品供不应求，排队的人越来越多，吴荣进的儿子，原本在台中从事信息业的吴政达，不忍年迈的父母亲日夜忙碌，决定辞掉工作回家帮忙。吴荣进笑说："我们都老了啊，也要放手让年轻人去发挥，而且大家都住在一起这样比较好，也就不需要去外地工作啦。"

第二代返乡帮忙，传承与创新并进

为了迎合现代消费者的口味，吴家父子俩还调整配方，一改传统蜜麻花黏牙的浓腻口感，做得更酥更薄更脆，因为客人越喜欢就越要努力把它做得更好吃。蜜麻花的辫子，绑起三代的心，也串联邻居的感情，更保留了古早味零食的甜美回忆，对吴家人而言，这亮金色的麻花辫不只是美味。

美味导航

店名：进发食品

店址：彰化县田中镇斗中路 2 段 705 号

电话：04-8744164

营业时间：08:00—18:00（春节定休，商品售完为止）

网址：www.mimahua.com.tw

天主堂面包

偏远山乡面包结合在地特产热销全台

天主堂窑烤面包，妈妈师傅阿公助手

面包一出炉，苦候多时的顾客立刻上前抢货，卖面包的地方在天主教堂内，烤面包的砖窑也盖在教堂里，这群婆婆妈妈外加一个阿公，是烘焙出五星级窑烤面包的师傅。徐妈妈原本是家庭主妇，两年前才转行为专业的面包师，六十五岁的曾伯伯除了当助手，主要任务是掌控砖窑的火候，只要经验多了就不必用测温计，木柴烧多少，温度就大约知道是多少，余温去焖的面包水分不会跑走，面包才会有嚼劲、有弹性。

山区天主堂，提供在地就职机会

姜信钧三年前开始在偏远的新竹峨眉乡山区天主教堂经营窑烧面包，峨眉人口非常少，工商业都非常缺乏，也没有稍微有点规模的工厂，一般居民都没有就业机会，在这里工作的人员里面

都是中高龄或者比较弱势的人。

乡公所退休课长，承租荒废教堂

他看到历史超过五十年的教堂荒废弃置多年很可惜，透过木造窗棂洒下的阳光温暖如昔，老旧的洗石子外墙，仿佛有说不完的故事。姜信钧决定租下教堂动手整理，一开始只单纯地想把这里作为小区聚会的场地，后来看到担任水泥匠的邻居失业后得了忧郁症不出门，为了让邻居有事情做，姜信钧自掏腰包，让他在教堂区内盖一座砖窑，盖好后，找来朋友教左邻右舍做面包，一群中高龄的妈妈以及伯伯们学着学着，竟然学出专业、拿到证照，天主堂面包店意想不到地开张了。

忧郁症邻居盖砖窑，窑烤面包出炉

靠着口碑以及网络宣传，天主堂窑烤面包终于打出名号，为落寞的峨眉村点燃商机，也带动了观光人潮。面包馅还结合在地产业，像是峨眉有机栽种的橘子制成果酱包进面团内，这一款橘香招牌吐司是店里的人气产品；还有峨眉的东方美人茶也是地方特产，茶叶捏碎后冲入热水，一壶香浓的美人茶倒进面团再佐以红豆馅料，就成了红豆美人茶。

朋友总是跟姜信钧说："都退休了怎么还搞这么多麻烦的事情？"但姜信钧觉得，这对地方上有帮助，而且在自己的人生哲学里面，自己是想能够多做一点儿事情的。姜信钧的下一个目标是盖一座面包坊，让教堂恢复原来的模样，有弥撒、有圣歌、有宁静虔诚的心灵，责任很大，但是他的梦想更远。

美味导航

店名：野山田工坊

店址：新竹县峨眉乡峨眉村二邻 1-2 号（峨眉天主堂）

电话：03-5809115

营业时间：08:00—17:00

网址：www.facebook.com/yesmemei

水果枝仔冰

正熟水果鲜滋味，融入其中透心凉

菠萝熬原汁，美味百分百

鹿野乡的厨房里，人称阿贵的徐敏贵，正在处理早上送来的新鲜菠萝。老板李铭煌闻香下楼，来看工作进度，当初菠萝冰在研发阶段时，两人就反复推敲了好几个月，才有了这甜而不腻的好滋味。用当季水果做枝仔冰，完全不加任何化学原料，搭配的糖水比例也不一样，绝非糖搅水那么简单。菠萝出水后转大火沸腾十分钟就能加入糖水搅拌，然后装进棒冰模子，插入零下二十六摄氏度的卤水中迅速冷冻凝结，二十分钟后透心凉的棒冰就大功告成了。

在丛红滋味，胜过等到红

五月下旬，台东的金钻菠萝和土菠萝正进入采收期，有几颗已经迫不及待要熟透，在丛红这是李铭煌最爱的熟龄滋味。通常水果在七八分熟左右就会先采收运

送，到消费者手上熟度才会刚刚好，不过因为早收，香气和甜度都没有在丛红的满分完美，因此坚持用在丛红做棒冰，这样才吃得出自然酸甜香。

邻居水果生产过剩，开启枝仔冰之路

李铭煌本业是做塑料的，放假时总是和车队上山下海，而台东后山鹿野高台是他的最爱，最后干脆在这里买间房，成为半个台东人。左邻右舍全是种水果的，他的家门口，经常有天上掉下来的礼物，邻居总是送他免费的水果，一问之下才发现不是那么一回事，农民放在他家门口是因为，如果没人吃就要丢掉了。水果放到变成落地肥，李铭煌觉得这实在太可惜，就用天生的生意头脑想替农民想办法。

替果找位置，替邻找工作

邻居阿贵，因为车祸一年多无法下田，李铭煌灵机一动，建议阿贵来做水果冰。李铭煌陆续投资机器设备三百多万，一头栽进这个新行业。于是阿贵负责生产，李铭煌负责原料和营销，到处拜访果农，用高价买进没人要的在丛红。现在棒冰打出知名度，公司行号纷纷上门合作，甚至外销香港成为另类的台湾水果宣传，他淡淡地说："我只是在尽量想办法，让应该有价值的东西不要被丢弃了。"

护农爱台湾，不出一张嘴

找回价值，也帮助农民的生计，爱台东的李铭煌接下来计划开一间棒冰故事馆，让游客一边吃冰，一边知道这每一口酸与甜的沁心凉，都有农人的汗水在其中。李铭煌护农爱土、动脑出力，爱台湾有行动，不只出一张嘴。

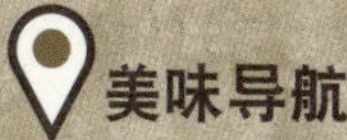

美味导航

店名：春一枝商行

店址：台北市忠孝东路五段 372 巷 28 弄 3 号

电话：02-2345-6617

营业时间：09:00—12:00/13:00—18:00（例假日休息）

网址：http://www.fruit-ice.com.tw/

图书在版编目（CIP）数据

台湾在地好美味 / 东森电视台“台湾 1001 个故事”栏目著．—北京：中国民族摄影艺术出版社，2015.1
ISBN 978-7-5122-0673-1

Ⅰ．①台… Ⅱ．①东… Ⅲ．①饮食－文化－台湾省 Ⅳ．① TS971

中国版本图书馆 CIP 数据核字 (2015) 第 004748 号

图字：01-2015-0246

书　名：台湾在地好美味
作　者：东森电视台“台湾 1001 个故事”栏目
责　编：欧珠明　张　宇
出版社：中国民族摄影艺术出版社
地　址：北京东城区和平里北街 14 号（100013）
发　行：010-64211754　84250639
网　址：http://www.chinamzsy.com
印　刷：小森印刷（北京）有限公司
开　本：16K　　710mm × 1000mm
印　张：12.5
字　数：235 千
版　次：2015 年 3 月第 1 版第 1 次印刷
ISBN 978-7-5122-0673-1
定　价：29.80